给孩子的神奇动物园

韩育生 著

海峡出版发行集团 | 鹭江出版社
THE STRAITS PUBLISHING & DISTRIBUTING GROUP | LUJIANG PUBLISHING HOUSE

2018年·厦门

目录

驯马师

一匹骏马，只有奔腾起来，才能体会路面对马蹄的冲击，才能感受多变的坚硬里包含的柔和。骏马疾驰千里，汗水像小溪一样在身上流淌，才会感到不负此生。征服长路，征服疾风，骏马的桀骜，都源自天性。

要征服一匹如此骄傲的骏马，不懂得密布陷阱的挑战，不明白大道生机的诱惑，听不到风的呼唤，不懂得和奔腾的意志融为一体，不敢迎接为实现雄心壮志而经历的种种磨炼……不经历这些，就不可能诞生一位生命的骑手。

奇蹄目，马科，马属，马

谅解备忘录

"嘀"的一声，有人传来一张图片，示意我共享来自大自然的一份新奇，我按图索骥，找到拍摄者对照片的描述：

> 早晨清新的空气中，一只蜻蜓显得分外脆弱，它小心地抓住一只螳螂的后背，螳螂正把自己的身体挂在一根折而未断的枯茎上。

大自然里，常会看到原本敌对的生命以彼此相依的形式达成如此特别的谅解，共同在一个平台上小憩。这份胸靠背的温暖，让被抓住和被贴近变成了一场奇遇。

最初的紧张感过后，渐渐沉淀出一份难得的信任。

世界那么安静，就像胎儿住在母亲的子宫里。

螳螂忘记了抓住自己后背的正是一份平日里让它垂涎而不得的美餐，蜻蜓忘记了正把一份信任交给会给自己带来死亡的敌人。

🦌 昆虫纲，蜻蜓目昆虫统称蜻蜓，分蜻科和蜓科。稚虫水虿（chài），生活在水中，捕食孑孓（jié jué，蚊子的幼虫）和其他小型水生动物，水虿一般要经过11次蜕皮，两年的时间，才能爬上水草，蜕皮羽化，变为成虫。成虫捕食蚊、蝇、蛾等害虫

张相茹摄影

🦌 节肢动物门，螳螂科，螳螂

陌上苍狼

苍狼叼着猎物在小土岗上喘气。迫近的冰冷气息让它汗毛倒竖。它的背上有一道子弹擦过后留下的弹痕，血从弹痕里流出，顺着灰色毛发一滴滴滚落。苍狼调整了一下呼吸，把猎物叼得更紧了，它竖起耳朵，听到风里的脚步声，撒腿奔下山岗，飞进叶子已经枯黄的玉米地。

脸色铁青的猎人，额头上青筋暴起，他像疾风一样冲上山坡。他大口喘着气，地上的几点血迹吸引了他的注意力。他单膝跪下，用手摸着血迹，新鲜的血腥气增添了他的绝望和愤怒。

"我的孩子——该被碎尸万段的苍狼！"猎人一路拼命追赶，为一时的疏忽而在心里狠狠责骂自己。锥心的悔恨，让他越发痛恨自己，更加痛恨逃窜的苍狼。

怒火燃烧，猎枪紧握在猎人手里，就像命运看不见的爪子在撕扯他的心。

犬科，犬属，狼

猛犸复活时刻

四周的人群屏住呼吸，看着舞台中间的亚洲象按个头从大到小的顺序站着，温驯聪明得像听话的孩子。

驯象师挥舞着手里的棍子，快速地戳一下领头亚洲象的后背。当他的棍子指向天，大象们半曲着身子站着。他把棍子挥向左边，亚洲象们同时把自己的左前腿指向天。他用棍子敲敲地，大象们整齐划一地在地上打了一个滚。

随着动作越来越复杂，驯象师的声音越来越尖厉。人们狂热的呼喊声、吼叫声此起彼伏。

当驯象师又一次用棍子去戳领头亚洲象的后背时，那头大象的脾气没来由地暴躁起来。它突然失去了控制，完全不顾驯象师的大声呵斥和棍子的猛戳，它的眼睛里放射出冰冷的寒光，声音高昂地嘶鸣起来。它甩动鼻子，一下子卷住驯象师拿着棍子的手臂，就好像远古猛犸的魂魄在时光隧道里忽然复活了。象鼻卷着驯象师在空中甩动，然后把他重重地摔到地上。领头亚洲象的脚掌在驯象师几乎散架的身体上揉搓、踩踏。

其他大象都惊恐地跑开，很快被几个跑上场的驯兽师牵走。但它们都听到了这头发狂的大象愤怒、不屑的言语，听懂了它对那个残暴的驯象师怒火的宣泄，那声音在每头大象的心上一点点复活了些什么。

紧接着，几声枪响，这头疯狂的大象轰然倒地。这种情形并没有让其他大象颤抖，反而让它们血流加快，一种从未有过的兴奋从四肢百骸里扩散开来。

象科，猛犸象属，猛犸象。又叫长毛象，样子与亚洲象相近，曾经是世界上最大的象。最后一批猛犸象在公元前 1670 年左右灭绝

灯盏儿狐獴

《动物世界》里，橘红的光影漫过世界，风卷起细沙，一群狐獴在杂草背后探头探脑，黄昏的鼓点被它们浑圆微尖的头顶敲击得颇有一番声息。

那个驯虎少年在孤岛上度过的魔幻夜晚，是发生在狐獴身上的另一个故事。

茫茫大海上突然出现在眼前的岛屿，是由一棵青绿巨榕蜿蜒聚合形成的奇迹。夜晚的星空像镜子一样，群星的光透过这面镜子，像宇宙里流星般划过天幕的蓝光，朦朦胧胧的光影世界接纳了孤独中漂流的绝望少年。

孤岛上封闭空间里生活的狐獴，无望中寻找安身之所的少年，相似的命运让两种生物产生了对彼此的体谅。在踏上岛屿的那一刻，狐獴似乎读懂了少年的心，很快接纳了少年。少年跨过岛中间巨大、幽暗的深潭，顺着这些温驯的小动物让出的小路，毫无戒备地爬上巨榕的枝丫，躺在树上的一个空当里，倒头便沉沉地睡了。有几只大胆的狐獴轻轻地跨过伸向四方的树枝，依偎着少年的臂弯和肩膀，打着盹儿，又猛然从梦里惊醒。整个岛屿沉入一个巨大、新鲜的梦。

"作业还没做完，就偷偷打开电视看！"忙碌的妈妈喊了几次没人回应，从屋外探进头来，刚要骂，又被电视上灯影一样绕来绕去的动物吸引了注意力。

　　"像小灯盏一样的动物是啥？"妈妈问。

　　"妈，是狐猴啊！灯盏儿狐猴。"我有样学样地回答，期望免去一顿责骂。

🦌 猴科，狐猴属，狐猴。小型哺乳动物，喜欢群居

鲸白鼠

　　从梦中醒来，推门向外走，淡蓝色的雾弥漫在院子里。呼哧呼哧跑向山岗。雾中的世界如梦似幻，像有琼脂玉露漫过。一路跑得大汗淋漓，终于跑上了雾都之巅，雾气在一点一点投射的阳光里流动，并开始消散。

　　眼前的山川是否在动呢？是自己跑得太快，此刻头有些发晕了吗？感觉自己正站在一条缓缓游弋在深海里的鲸鱼的呼吸孔上。

　　这个大梦初醒的早晨，目力所及，一辆白色小汽车猛地驶出迷雾的边缘，像一只刚从巨鲸嘴里逃出生天的白鼠。

🦌 啮齿目，鼠科，鼠属，老鼠。除南极外，遍布全球

猪和人类史

　　荷花盛开时，在那个安静的小镇的农家猪栏里，我发现了一头猪妈妈。我扶着猪栏看它，它还以为有人来给它送食，机灵地从地上爬起来。它的耳朵像天线一样竖着，毛色雪白，皮肤粉红，动作敏捷如麻雀，眼神认了命一般淡然。肚子下面一排骄傲的乳房，个个肿胀鼓满。七八头小猪刚刚吃饱，在猪妈妈的肚子下面绕来绕去，吱吱叫个不停。

　　这幅流水一般的动物水彩画安静而饱满，那份闲逸与自在让人惊诧。

　　无数智者向时间祈祷的人类史也不过如此。

偶蹄目，猪科，分为家猪和野猪，杂食性哺乳动物。家猪是野猪被人类驯化后形成的亚种

天鹅之音

正在弹奏的里拉琴上，几个音符突然变得幽暗生涩。

等到一曲终了，有神问阿波罗[①]："刚才怎么了？"

阿波罗的几缕金发从月桂头冠的枝叶中间垂落。他说："刚才突然想起天鹅的叫声。想一想，天鹅出生时，声音细碎，像春天溪流中的花开。等找到了爱情，声音里又会透出令人心驰神往的旋律。波塞冬[②]曾说，每当他见到天鹅戏水，海面上就忘了泛起浪花。这深情的东西，诀别人世时，还会为赐予它生命的世界献出最后的绝唱，哀婉深挚的调子，不像是接受死亡，倒像去迎接重生……死并不可怕，生才是解不开的谜题——这个秘密是谁告诉这些生灵的？天鹅的挽歌，惆怅低沉的音调里暗藏着明亮与轻快，对即将到来的死亡，它好像有某种预感，咏唱的节奏，就像人的眼泪里生成的那个透明世界常有的旋律。"

"你为人类真是操了不少心啊，阿波罗，从天鹅的声音里还听到了人类的哭泣？"

---

① 阿波罗：希腊神话里光明、音乐、预言和医药之神，里拉琴、月桂、海豚、天鹅、蛇、银弓、乌鸦是他的象征。现代人常把他当作太阳神看待，奥林匹斯十二主神之一。

② 波塞冬：希腊神话里的海神，掌管海洋、地震、海上风暴、所有海洋生物。

"我以为自己什么旋律都能弹，刚才，弹奏死亡的轻盈时，意外想起天鹅挽歌中的寂静，几个听命的音符似乎被一阵风从琴弦上吹走了。弹得走调，真是失望啊！我曾偷听过人类弹奏的天鹅之音，那种心灵和自然的共鸣，生命在源头和终点之间循环的旋律里，有一份永不枯竭的思念的意志直向耳朵里渗透。一份深爱里，迷恋与忠诚的交缠，像大树一样朝着无尽的天空生长。这股力量，还常常被我嘲笑。"

　　鸭科，天鹅属，天鹅。属于游禽。多数是一夫一妻制，相伴终生

雪上

白鸽从屋顶飞起，几个盘旋后，落到一个雪堆上。雪中咕咕叫的白色幻影好像钻进了我的心里。它如精灵一般忽隐忽现。那双细小的粉红色爪子踩在松软的雪上，六角雪花撞碎又重新组装的白色雪晶间，白日的天光，一个生命精巧微露的痕迹，搅动起了看不见的光影细流。

带点埋怨的温驯的"咕咕"声，好像对着我，又不屑把头转向我——偷听，偷听，只知道偷听。

不要批评啊，我的脸会红。不要急着飞走啊，我还没有走过来。

鸠鸽科，鸽属，鸽。俗称鸽子。善飞。信鸽可以准确传递书信，传达爱与和解的信息，因此成为和平的象征

伯劳来信

　　翻开《谢阁兰中国书简》[①]，一只慢性子（谢阁兰眼中 19 世纪末中国的性情）的伯劳从书中飞出，朝半开的窗口飞去。

　　窗外，有另一只伯劳，爪子蹬开蒙桑顶端的细枝，从阳光里飞到窗前落下。

　　两只素描画一般的鸟儿，互碰锋利的弯钩喙。

　　一只撕碎捕获的猎物，一路勇往直前，这只大自然的精灵，正毫不犹豫地试图拾取失去的光阴。一只嘴上挂着神秘东方的碎片，碎片上是西方写给东方的信件。

------

　　① 谢阁兰（1878—1919），法国著名诗人、作家、汉学家和考古学家。他的作品基本上是在游历中国时酝酿和完成的，因此被称为"法国的中国诗人"。

彭博摄影

🦌伯劳科，伯劳属，伯劳。常将猎物撕碎而食，又称屠夫鸟

树懒的耳朵

树懒慢悠悠地攀上大树，然后舒舒服服地坐在树枝丫的怀抱里。三趾的爪子抓住一根细枝，慢慢摘下一片绿叶送到嘴里。那份悠然忘我里隐藏着时间的另一种节拍。

来——它似乎听到了一个轻微的声音。

来啊——它向四周转转头。

快来啊——它把耳朵贴到树干上，树海深处传来一丝丝低沉急切的声音。

树懒的心怦怦跳着，它倾听着真挚的呼唤，它心里想说的话对方竟然也能听见。它想着依恋和思念因何生成。终于，它想起半年之前的一次相遇，当时，它和另一只树懒在同一棵树上共处了几日，连一句话都没和对方说，就分别了。绿叶环绕在它们四周。它们心里已经有了不需要言说的秘密。

分别后，这个森林之子并没有觉得孤单，它知道自己的耳朵遍布森林的各个角落，它知道那样的分别，终于会迎来某一天的重逢——它相信，那声音正是重逢的呼唤。

它坚信自己的耳朵。

 树懒科，树懒属，树懒。行动缓慢，是严格的树栖者和单纯的植食者。它有脚，后肢能够支撑站立，但行走两千米几乎需要一个月时间，在水里却是游泳健将

雪莱[一]的云雀

几只云雀落在天坛里的草坪上，我不知"你像个诗人一样，藏身于思想的光芒里"，有人曾亲切地呼唤你："你好啊，欢乐的精灵！"

追着阳光飘动的尾翼，凭着孤独的意志，你歌唱着，穿过一道道云上的天梯，把心底深深的思念融进世界的蔚蓝色里。

看到你被几个人小心翼翼地跟随，不同寻常地关注，端着长枪短炮拍个不停，开满野花的草地上顿时热闹起来。

围观的人群里，有个一惊一乍的声音突兀地喊："哎，几只麻雀嘛！"

你迈着轻快警觉的脚步，专心地啄食，头都懒得抬。

---

① 雪莱（1792—1822），英国浪漫主义诗人，历史上最出色的英语诗人之一。本文中的诗歌摘自雪莱的《致云雀》。

彭博摄影

 百灵科，云雀属，云雀。鸣禽，体形和羽色近似麻雀。能够在飞行时歌唱

梦猪牙

　　野猪不知是被什么东西刺激到了，在溪边长满苔藓的土台子上，四蹄乱蹦，可着劲儿撒欢。直率鲁莽的个性，让森林的海洋溢出几滴属于它的浪花。野猪抖动耳朵，戳出激情和欲望的獠牙，迎着林下飘浮的光，獠牙上，挂着山神树怪嘲弄这个丛林野孩子的绿藤断茎和五色碎花。

　　苔藓上，一朵花儿正在盛开，花瓣上浮起一层淡如轻雾的粉色，花影中隐藏的色泽幽静如梦正要拉开的一道竹帘。

　　你冲来拱去，翻动泥土，是要跳进这帘子里吗？

偶蹄目，猪科，猪属，野猪。又称山猪

创造力如何形成

　　自然界里艺术探索的范例很多很多，从中我们能够窥探到创造力形成的路径。

　　比如，青藏高原的某些土层里，有一种虫草真菌的子囊孢子，和同样生长在那片深土里的蝙蝠蛾幼虫，以命运不可预知的奇妙遇合结成新生命的同盟。蝙蝠蛾幼虫奉献自己的生命和躯壳，虫草孢子则把自己的生命力内化在虫子的壳里。时机成熟，在阳光和露珠遮掩的草原黑土里，就会长出冬虫夏草这样独特的生命体。

　　我的脑海里无时无刻不在跳跃着纷乱的影像，这些影像是由深层记忆和现实危机的电流相互刺激形成的。我会偶遇无数令人惊叹的事物，正是这些惊叹，将我生命的缺失一一填充。大脑里最深刻的影像都是我们情感的聚焦形成的深潭，那些惊叹之物通过创造之手变成了盛载这些情感的容器。当一种情感试图装入适合它的容器时，一个艺术家的创造力也被激活了。

麦角菌科真菌寄生在蝙蝠蛾幼虫上的子座和幼虫尸体的复合体，为冬虫夏草

怒驼

　　黄沙扑面，队伍中有只骆驼突然站住了。整个商队不得不停下来。拿来清水和燕麦，那只骆驼眼神灰暗，依旧不饮不食。是病痛，是思念，还是乡愁在这一刻如此猛烈地折磨着你?

　　私货贩子的耐心渐渐消失了，他开始咒骂，用皮鞭抽打。倔强的骆驼呻吟，哀号，惊人地忍耐着。商队里的驮夫，把肩胛骨竖起来，皮鞭每响一次，他的眉毛就皱一次。呼啸的风和啪啪响的皮鞭并没有让骆驼暴走。它越发地绝望，一股死的意志浮现在它的眼神里。它愤怒地把头狠狠撞向地面，在那个挥着皮鞭的恶棍面前，生命尊严的底线，由一头任劳任怨的动物划在一道血光中间。

骆驼科，骆驼属，骆驼。有单峰和双峰的区别。骆驼的驼峰里贮存着脂肪，胃里有水囊。骆驼是人类穿越沙漠依赖的重要工具，人们称骆驼为"沙漠之舟"

工蜂嘉儿

迎面撞着疾风，工蜂嘉儿被吹得在空中翻了好几个筋斗。翅膀带着伙伴离巢的叮咛和密友画上去的梦中的花房子，它真担心这些心里记挂着的东西会被疾风卷丢在半路上。

风里藏着的香味，嘉儿闻到了，花朵的任何一丝香气都是大自然独一无二的乐器，嘉儿用自己敏锐的触须辨别着，测算着，前方绕过半座山丘，一定有一个繁花似锦的花园。

嘉儿鼓起劲，一双翅膀重新切开疾风的阻隔。它在心里重复着那些珍贵的叮咛，默默回想花房子的轮廓，它知道自己会不辱使命，——完成朋友们的嘱托。

🦌 膜翅目，蜜蜂科，蜜蜂。全世界已知的蜜蜂有一万五千多种。蜜蜂是植物最重要的传粉者

影分身

绿蜻蜓立在眼前一朵玉簪花的花瓣上，它守着那个暗角，仿佛时间的巨浪对它毫无作用。

在这晶莹碧透的光影深处，有另外一只红蜻蜓的影子，闪电一般，像极了绿蜻蜓的一个分身。它如道道剑影，切割着时间的疾风骤雨。没有在任何地方停留，它滑过水面，急速穿过纷乱匆忙的雨丝。它的身体里，刻着绿蜻蜓的眉间痣，心头砂。

水边，我眨了眨眼睛，有一个片刻，绿蜻蜓在视野里消失了，下一个片刻，又发现玉簪花上的绿蜻蜓变成了红蜻蜓。我不能确定自己是否眼花了。

真希望自己也能有这样的分身。一重分身守住无限静止的时间，一重分身守着一个变动不止的空间。

对于想象，对于写作，这会是一种怎样神秘的体验？

张相茹摄影

🦌 蜻蜓目，分蜻科和蜓科。距今 4 亿年前的泥盆纪就已经出现，在距今 3 亿年左右的石炭纪，出现过翅距达到 70 厘米的巨大蜻蜓

散步

"瑞，等着——我要去玩水！"

个头和三岁男孩小米粒一样高的被唤作"瑞"的沙皮狗停下脚步。小米粒把牵狗绳轻轻地放到地上。瑞晃了一下头，像是在对小米粒说："去吧，我在这里等你，哪里都不去。"

路中间的小水坑被大树的影子画成海岸线一样的图案，小米粒追着晃动的图案，踩着水面，飞溅的水花碎成了独属于小米粒的清凉鼓点和水晶陀螺。

不到两分钟，小米粒回来了。瑞看了看小米粒，小米粒看了看瑞，瑞皱了一下鼻子，小米粒舔了一下嘴唇。

"我们走吧！"小米粒摸了摸瑞的耳朵，捡起牵狗绳，继续他们午后的散步。

犬科，犬属，狗。和马、牛、羊、猪、鸡并称"六畜"。有科学家认为是从古代的灰狼驯化而来。沙皮犬，世界上最珍贵的犬种之一，优良的伴侣犬

擒狮

　　非洲部落的马赛男人，在成年仪式上要独自猎杀一头成年狮。

　　其中一任酋长，猎狮过程非常漫长，用了一年时间才回到部落，归来时两手空空。有人看到他站在河边，对岸有送别的雄狮的身影。每过半年，他都会独自离开部落，说是要去看望亲人。部落里有人偷偷跟踪他，看到他在草滩上和一群狮子无忧无虑地戏耍，还会参与到狮群的伏击和捕猎中。他逐渐成长为部落里最骁勇的勇士，能洞察天候的变化，似乎能懂得动物们的话语。

　　他成为酋长的年代，是部落最繁荣强大的年代。从那时起，部落里便开始流传"杀狮成人，擒狮成王"的传说。

猫科，豹属，狮。野生狮子的寿命一般为10—14年，圈养的狮子可以活20年

书籍上的战象

冷兵器时代，战象是按照人的想象武装起来的兵种，它庞大的体形和可怕的力量，被当作堡垒训练和装备起来。"战场上，象兵驾驭着被激怒的战象开始冲锋，黑压压一片，凡阻挡的，都被碾成碎末，凡顽抗的，都被踩成肉饼。它撕碎敌人的肉体，毁灭敌人的意志……"

人们醉心地描述自己心中的无敌勇士，并把战象想象成天神一样的兵种。他们忘了，作为食草动物的大象，天性原本敏感善良。除了短暂的愤怒会让它们狂性发作，它们原本是最不善于杀戮的兵种。真正沉迷于杀戮和权力欲望的倒是人类自己。

冷兵器时代，战象只在不多的几个世纪被赶上战场。没有多少惊人的战绩证明人类骑着战象攻城拔寨。

战象只是人类根据自己的想象制造出来的失败兵种。

长鼻目，象科，大象。目前仅存两种，即非洲象和亚洲象。群居动物，雌性做首领

下潜

心里出现一条马里亚纳海沟[①]时，就意味着要不断下潜，用一生去探查这条海沟。对我来说，这条马里亚纳海沟就是写作的使命。

在通向深海的锈迹斑斑的栈桥上，看到过一只海鸥，它掠过浪花时，从海面上叼起一条巨大的枪乌贼，枪乌贼发青的身子剧烈挣扎着，最终弹簧般蹦出海鸥的嘴尖，落向泛着浪花的海面。

看着眼前的画面，真为枪乌贼强韧的生命意识感动。枪乌贼的生命浪花把我带向深海的潜流，把我带进心里隐秘的洼地。越看海水越幽深，水的无穷产生着神秘莫测的吸力。

一股冲动在心底催生出变换的神奇，仿佛自己正化身为一只枪乌贼，一头扎进海面，潜向深海，去探寻写作海洋里的马里亚纳海沟。

① 马里亚纳海沟，目前已知地球上最深的海沟，位于北太平洋西部海床，靠近关岛的马里亚纳群岛东方，最深处有 11034 米。

枪乌贼科，枪乌贼属，鱿鱼。又称枪乌贼。属于浅海软体动物

死亡注释

　　记得那天，主人和他的牛头犬散步后一起回家。夜晚的街上几乎看不到行人，却有风驰电掣的一个身影，猛鬼一样从斜刺里杀出，挥着一根大棒，一下就把愣着神的主人打倒在地。

　　剩下的，哈哈……得意忘形的抢劫犯并未把那条狗放在心上，他只注意到一个羸弱的老头，看到他在街边付款时掏出厚厚的钱包，于是他紧紧盯住这个老人，并跟踪了很久。

　　就是在那一刻，有个力量之神被从牛头犬身子里释放了出来，那股愤怒像宣誓一样，坚定而专一。它的牙齿、腰板、四肢，仿佛论文、经卷里古奥精深的注释一般，它的撕，它的扑，它的吼，都来自恒久的溯源和漫长进化历程中的演变。受伤的老人激起牛头犬身体里一股不顾一切的野性，这股野性开始定义眼前的敌人死亡的过程。

犬科，犬属，牛头犬。起源于英国，是性情凶猛的中型犬

紫斑蝶的记忆

　　不该啊，不该。紫斑蝶记录世事的翅膀上原本一片赤诚。然而，自从遇见了你，就有了黑洞一样深邃的梦的记忆。

　　从此，幸福的目光像太阳一样悬着。

　　十七个水蓝镶着黄钻的斑纹绕在周身。思念的锁链，锁住了心灵的时空，锁住了爱河的源头。之后，还会有十八个、十九个、二十个……水滴掉线般的时光之环，是你画在我的梦之翼上的吗？

张相茹摄影

斑蝶科，紫斑蝶属，紫斑蝶

苍蝇之死与写作

　　"那只蝇后。深蓝色的蝇后。就是那一只，我所看到的那一只苍蝇死了。缓慢地死去了。它一直挣扎到最后一刻。随后，它顺从了。也许持续了五到八分钟。时间很长。那是非常可怕的一段时间。那是从死亡前往其他天国、其他星球的出发点。"

　　杜拉斯在她著名的文论《写作》里，写到眼前一只苍蝇之死的这段话让人眼睛湿润。没有解释，不是感同身受，那是理解一件最难的事情。是写作。

　　她并没有谈及具体的写作方法，说的只是不得不写的一股冲动。一个人对世界有话说，不把这些话写下来，会让人难过，这是世上所有写作的初衷。她观察，出于本能，察觉到生命的神秘、奇特，有光从社会、历史、自然里射出来，也从每一颗心里射出来。一只苍蝇的死亡，那是一个生命无法摆脱的孤独，是每个生命的宿命。苍蝇在挣扎，死亡的巨石压下来。那是每个生命必然要面对的时刻。试图摆脱的蹐踏，生命火焰逐渐熄灭的过程，轻轻地呼唤，一动不动地凝视。那个过程里有爱与被爱至深的怜悯。

对一个具体的生命，死或许真的就是结束。但也未必是完全结束。灵魂会前往。每一个灵魂都有它的重生之地。

相信万物不灭，是因为我们心里有爱吧。

不管带着何种目的写作，都不是为了绝望而写。

理解死，在那一刻，便是触及了生的另一道边界。

写作，由此才算开始。

🦌 双翅目，蝇科，苍蝇。可能杜拉斯看到的是丽蝇科的一只大头丽蝇或者红头丽蝇

虎斑

　　七日前的那个后半夜，星光数着大地上的灯火，也数到你作为华南虎的遗影。影子在星光下拖得长长的，像诗人唱着千年不曾衰败的消散着灵魂的阙歌。你踏过悄无人迹的广场，森林的寒露让软软的肉蹄落在黑色大理石上的梅花印子显得更加清晰，人类对你的杀戮都渗透在这些梅花印子的虎斑里，仿佛星空最后目送你离去时的叹息。

🐾 猫科，豹属，华南虎。中国特有物种，野外基本绝迹，仅在动物园和繁殖基地有少量饲养

苦候

这是那只小隼在秋天里苦候的一个局。

那天风吹着草地，泥土在潮雾中凉凉的。鼠儿从细肠一样的小洞里爬进爬出好几回。它感到四时风动，又被饥肠辘辘胁迫着。在草原沙鼠的家族记载里，灌木丛下甜甜的细根，沙地蚯蚓在爪子里扭作一团的盛宴……但想再多也只是想啊。

鼠儿匆匆闻了闻空气的味道，便抬腿迈步，把头探出洞穴，奋不顾身地钻入鹰隼脚爪卷起的阴风里。

啮齿目，仓鼠科，沙鼠属，沙鼠

科技馆里，有一个实物结合动画设计的"重返现场"的全息体验室。在那里，穿上特别的制服，可以尽情地进入想进入的任何一个世纪，可以抚摸带着奇特温度的菊石，可以呼吸到巨木森林里发甜的空气，可以随在蛇颈龙震动大地的脚步后面奔跑，也可以进入地球最隐秘的地域……

还可以和自己大脑里被激发的狂想对接，创造一小段新奇独特的冒险，轻微电流的刺激，还有进入真实现场带来的神经冲击，精神世界面对的挑战……

孩子每次来科技馆，全息体验室都是她必到的地方之一。一到那里，她总是急不可耐地寻找被她标记为领养的一条蓝鲸，那是一条游弋在大西洋里的活物，虽然未必每次都能找到，但这种寻找让她乐此不疲。每一次，蓝鲸从孩子眼前缓缓游过，都会唤起孩子心里无限的惊奇。她看着鲸鱼蓝灰色的腹部像飞毯一样压过来时，那种亲切和激动总会让她眼泪汪汪的。蓝鲸对小孩子的存在一无所知，它的存在另有神秘的使命。但孩子相信，自己对蓝鲸思念的电波，一定会触及在海洋深处环游的蓝鲸。蓝鲸巨大的身体带动的水声很深沉，孩子被这远古深渊里的歌声吸引、打动，忍不住哼唱起同样节奏悠长的歌曲。还好，因为身处独立空间，所以不会影响到别人。

孩子的眼珠随着蓝鲸的游动转动着。蓝鲸的身体带动海水里的潜流，无数波纹般的细流将海水惊人地切割成分层的世界。

孩子闭上眼睛。爸爸允许她开启一种比较安全的探险模式，允许一丁点脉冲电流，刺激到她，使她想象力井喷。原本是不允许小孩子进入探险模式的。每一次爸爸问，她都说自己没有一点儿不适。她悄悄为自己能够强忍两分钟的刺激而窃喜，她觉得自己已经是一个小小的勇士了。进入探险模式后，孩子预先被数据中心扫描、检测，然后以最优的安全等级被数据中心修正成一条小小蓝鲸的电子流，那是完全生态转化的全息复制，孩子神奇地来到了那头被植入了传感器的蓝鲸身旁，紧紧跟随它，滑向她此生幻想的秘密圣地。

这样的体验里，孩子获得的成长，智力的开窍，勇气的认同，对爱与被爱的重新定义，父母能够预见到吗？

🦌 海洋哺乳动物，鲸目，鲤鲸科，蓝鲸。地球上最大、最重的动物。长度可达22米

岗上小隼

　　狂风里，山顶上那棵巨大的云杉倾斜得越来越厉害，树洞里的巢穴倾倒了，巢里的树枝掉了将近一半，窝里的两只小雏只剩下了一只。

　　饥饿的小雏叫得那么凄惨，红隼无法在巢里待下去了，它又一次飞离巢穴，钻入纷乱的气流，在这样少见的坏天气，它在天空中几乎无法把握飞翔的方向。雨滴在四周密集地落下，风将腐朽的一切摧毁。已经整整两天没有捕捉到猎物。第一次做妈妈的红隼遇到了如此艰难的困境。它身心疲惫，在上升的气流里盘旋时，不敢看一眼被绝望和痛楚揉搓的山岗，巢穴里小雏吱吱地鸣叫着，它的最后一个孩子是否还能完好无损，等到妈妈的归来？

　　它瞪着眼睛，俯瞰世界里的任何一丝异动，它期待看到跳动的灰鼠，期待有小小游蛇爬过那片熟悉的草地……天空变得越来越暗，视野越来越模糊。但它知道，自己必须有足够的耐心，飞向更加明亮的地方，飞到必须捕捉到猎物的那一刻。

　　别无选择，红隼内心焦虑，不知不觉，从天空划下的一道闪电中间飞过……

张相茹摄影

🦌 鸟纲，隼科，隼属，红隼

松鼠格格

是雪使心灵纯洁了，才在世界如此空寂的时刻，产生了这么神奇的信任，还是你今天初遇的生灵就只有我？

造物主独给你这毛茸茸的休止符，盘在我的手心里，这温暖的信任锁住人心，泛滥起爱河。有多少阴暗的掌心张开，掌心里几粒干果，戴着温情的面纱，用机巧的语言诱惑，不是为了爱护，暗含着诡谲地占有的目的。

雪地里，你跳上我的手掌心，温暖的掌心里除了期待一无所有。你坦然地看着我，依恋我，重塑我。

为什么你此刻信任我，下一刻又离开我？

张相茹摄影

🦌 啮齿目，松鼠科，松鼠属，欧亚红松鼠。夏天皮毛发红，冬天皮肤灰黑色，
当作宠物时，俗称魔王松鼠。相似种为北松鼠，中国北方常见

复活

玻璃橱框里背篓大小的骨质头颅，在可怕的沉寂里，好像总看我。张开成 90 度的颌骨，解说员说："伏击草原猛犸时，剑齿虎的嘴就张成这个样子。长而尖的犬齿能一下子切开巨型食草动物厚厚的皮肤，切断它们的动脉。"

那两颗裂纹斑斑的长长犬齿上，亿万年进化的时光，被某种神奇的力量挤压在一起。

博物馆里的灯忽闪忽闪地照在那两颗犬齿半透明的锋芒上，尖齿顶端迸发出一道反射了星光的圆弧，那道光那么凝练，像是在开启某种幻觉。

噌的一声，像是坚硬的岩石硬生生裂开了。那颗巨大的头颅在动，两颗尖利的牙齿试图挣脱某种束缚，有什么东西在打开小小空间里的时间圆环，在切开众人眼前朦朦胧胧的梦境。

一地的玻璃碎片。

初醒惊兽一般的你，自高空跳落，盯着惶恐如蝼蚁般的我。

猫科，剑齿虎属，剑齿虎。已灭绝。大型猫科动物进化中的一个旁支，生活在距今 300 万至 1.5 万年的更新世—全新世时期。以一对嘴里半尺长的犬齿闻名

爱的眼眸

　　屏住呼吸，看那对丹顶鹤，踩着微波般的碎步，追逐浪头上飞起的一次次轻跃。叼在嘴里的鱼儿，在阳光下泛起银光。不时有珍珠一样的光落在这对爱的舞蹈者身上。风压下一阵柔和，它们扬起布满雪白的羽毛的双翅，仰头送出一阵欢歌。无数夜晚与白昼交织的虚影里，一时急进，一时轻抚。因为激动，因为快乐，才能发出那样洪亮的叫声。那声音能把每一个梦里的人叫醒。

　　真的有醒来的世界，不只是眼前天造的美，生命与世界的关联变得那么大，那么轻。

　　有人喊："看啊，丹顶鹤的眼睛！"才恍然察觉，眼前，有人看到世间爱的演绎，有人注意到了爱的眸子！

彭博摄影

鹤科，鹤属，丹顶鹤，大型涉禽。求偶季节，丹顶鹤会跳非常有名的"鹤舞"。

睡猫

是哪一种远古的力量在心里觉醒，把梦搅得如此不得安宁？

梦里，大概是看到了一面镜子吧，镜面光洁闪亮，隐隐有波纹从镜面上划破这陈旧的时空。镜子里有一只丛林小鼠，窸窸窣窣中竟然发出吼声，震得心似捶鼓，大地抖动。那耳朵开始退化出蛇形花纹，一环一环绣出一只猛虎的形象。心惊之下，猫儿退后几步：且容我想一想，是钻入镜面，一口把这伪装的老鼠拿下，还是用牙齿咬碎时间平滑的世界，把自己和镜中的虎形融为一体？

猫儿犹豫着，梦里的呼吸变得意味深长。它伸出爪子，在空气里抓来抓去，试图搅动一个千年的蓝湖。

🦌 猫科，猫属，分家猫和野猫。是全世界饲养最广泛的家庭宠物之一，家猫据推测是由古埃及的沙漠猫、波斯的波斯猫驯化而来，但并未像狗一样完全驯化

红岩羊

时值黄昏，天空沉得像铁，夕阳的橘色光芒把整个世界都烧红了。从山顶俯瞰耸立的山崖，在那里，岩羊们正在陡峭的山崖上跳来跳去。偶尔停下来，吃长在岩石缝隙里的苔草、针茅。身上太阳赐予它们的红袍，遮住了白日里青灰的肤色。几声苍鹰的嘶鸣传来时，岩羊脚下滚落的碎石加深了鲜红的颜色。

🦌 偶蹄目，牛科，岩羊属，岩羊。一种生活在悬崖峭壁上的动物

等一双温热的手

手伸向粉红鼓胀的奶头时，母牛屁股一阵耸动，一条后腿抬了起来。

我吓得向后一缩，身子后仰，双手撑地，样子狼狈不堪。脸色红扑扑的藏玛"咯咯咯"地笑起来。

草舍里吹过轻风，母牛在熟悉的笑声里安静了下来。我把木凳让给藏玛，她把一双小手伸到温水盆里，然后，擦干手，开始挤奶。我羡慕又失落地看着，听到母牛发出"哞——哞——"的叫声。

偶蹄目，牛科，牛属，奶牛。是经过高度选育繁殖的乳用品牛

驾驭

　　年轻的犀牛冲出草丛时，角上还挂着撕裂的草茎。它直率敏感的性格像是驾驭不了一时涌上心头的喜乐，非立刻发泄出来不可。

　　一只犀牛鸟落到犀牛背上，犀牛内卷的耳朵边上的耳毛抖动几下，像是和老朋友打招呼。犀牛鸟啄食着犀牛背上的碎草屑和草籽，年轻的犀牛一动不动，像泥塑一样。犀牛鸟跳到犀牛头顶，照着那层厚皮中间的缝隙啄起来，犀牛歪着头，开始想心事。

　　等犀牛鸟在它头顶叽叽喳喳叫起来，这辆稀树草原上的土坦克一下子发动了，整个草地又一次开始振动。旁边吃草的羚羊、斑马紧张地抬起头，一脸不解地看着疯跑过眼前的愣小子。

　　犀牛鸟贴着犀牛的头顶，似乎要飞，又似乎粘在了头顶上。一鸟一牛冲进一片丛林，瞬间消失在荒草里。

 最大的奇蹄目动物，犀科，犀牛，共有五种

火烈鸟的夏天

　　悠悠细梦像浪花一样拍着夜，沉沉的夜被第一缕曙光轻轻触碰了一下，因为这触碰，梦中人一下子惊醒过来。

　　突然降临的清醒意识里透出一股惊人的力量，携带着梦里未曾散去的那片红光。红在意识的原野上组成了一个清晰的人的轮廓。满天的火烈鸟，把她心里那层硬硬的忧伤擦得亮晶晶的，像泪珠一样。

　　恍惚听到自己和火烈鸟在水面上一起吟唱，某种思念击穿梦，染透了梦的红色绵延着，一波一波，融进逐渐消散的歌声里。

鹳形目，红鹳科，鹳属，火烈鸟。大型涉禽。它羽毛的红色并非火烈鸟羽毛的颜色，是它摄食的浮游生物所含的甲壳素

孤灯

"看，湖中间那堆杂草和枯树组成的小岛下面，是河狸的巢穴。"自然指导老师的话好几次在梦中响起。

梦里，自己变成了一只河狸，带蹼的爪子在水中轻轻一推，身子轻巧地滑向那个隐蔽在水底的洞穴入口。

钻进那个与世隔绝的洞穴，头顶悬着一盏永不熄灭的孤灯，光在洞穴里散落，像糖溶解在温水中。咀嚼胡杨枝、枞树根，毛发和嘴唇上留下斑斑印迹，那些印痕渐渐结成厚厚的绿苔，悬在毛发上。巢穴中间摆着一张方方正正的木桌，一张舒服的靠椅。我跳上椅子，开始在桌面上书写生命流动的纹理，书写无法忍受必须归于文字的悲欢喜乐。洞穴里的灯光在跳动，似乎要把隐藏了一代又一代的秘密说出，却又从来都没有说。

啮齿目，河狸科，河狸属，河狸。别称海狸。水陆两栖

荒原独刃

命运的利爪毫不留情地撕开身体，灵魂的细肉朝着时间的风暴敞开着。不时长长喘上几口气，像溺在水里的人伸手去抓漂浮在水面上的衣角。

人生的黑暗时刻总含着一种昭示：在你周围必然会围来一群贪婪的秃鹫。丑陋、无耻、胆怯、卑劣、凶残、愚蠢、懒惰会来蚕食你伤口上流血的残肉。

你立在生命的荒原里，不得不成为一片土地，不得不成为一把锋利的刀，以便能够让自己在这片荒原上活下去。

隼形目，鹰科，秃鹫属，秃鹫。食腐肉的大型猛禽

君不见

　　钴蓝色的鹦鹉在秋千吊架上转来转去，瞪着躺在藤椅上对自己不理不睬的主人。手里的那本铿锵有力的《君不见》让平日沉寂的主人很亢奋，他正在大声读着书里的话。

　　"君不见，管鲍贫时交，此道今人弃如土。"①

　　"君不见，真讨厌！"鹦鹉朝着主人耳朵应和一声。

　　"君不见，山高海深人不测，古往今来转青碧。"②

　　"君不见，真讨厌！"

　　"君不见，高堂明镜悲白发，朝如青丝暮成雪。"③

　　"君不见，君不见！"

　　主人气得抬头瞪着吊架上的鹦鹉："拜托！"

　　鹦鹉甩过头去："君不见！"

---

①　摘录杜甫《贫交行》。

②　摘录贯休《行路难》。

③　摘录李白《将进酒》。

鹦形目，鹦鹉科，鹦鹉属，琉璃金刚鹦鹉，攀禽。种类繁多，是鸟类最大的科之一。以羽色鲜艳、能学人语著称

彭博摄影

书签

　　在一本借来的书里发现一枚精美的椭圆形书签，它被一层柔韧透明的封套保护着。书签上泛黄的图案的正中，一条密纹精确的蝮蛇叠成一个仿佛要蹿出纸面的银环，蝮蛇嘴里吐出红芯，舌尖的分叉分别指向左右两行文字。左边的一行：凡爱，必深入险地；右边的一行：是恨，总融于我怀。这文字一定是书签主人的最爱吧。勇气与包容从来都是生命的两件至宝。

　　用手拿起书签，不小心，书签锋利的边缘划破了手指，指头肚上渗出的一颗鲜艳血滴，那么巧，正好滴到蝮蛇半张的嘴里。

　　心一动，难道有什么事情要发生？

蝰蛇科，蝮蛇属，短尾蝮。小型毒蛇，别名草上飞，毒性剧烈

雨下个不停的森林_①

老鹿的犄角上都已经长了青苔。独角白犀身体上溅起水雾，通体呈铁黑色。丛林野象的耳朵尖上挂着连续滚动的雨滴，它用柔软的鼻子拉扯着藤蔓上的野果、绿叶。几朵花瓣残破的小黄花，奄奄一息，漂浮在水上，像是森林对连绵雨季无声的问责。

望天树在风雨中弯成了弓形，大雨浇灌它，大风拉伸它，森林里好像缺少了一把把射天弓，要借着风雨的箭矢来做成。几声狼嚎穿插在树叶里，是可怜的灰狼，躲在石壁下面，在困倦中饥肠辘辘地叹息。一只云豹从青色叶子下面探出锃亮的额头，在树上爬累了，正要翻一个身。

雨势丝毫没有减小的迹象，森林还在积攒，仿佛叹息、不安还

---

① 读西蒙·范·布伊的短篇小说《爱，始于冬季》，看到这样一句话："雨下个不停的国家。"它唤醒我朝向被封闭的幽深时空，心中的好奇心，又让我想到大自然深处的声音，便有了《雨下个不停的森林》。

远远不够。

无尽的雨朝着世界降落，森林将要变成岛屿。

🦌 森林是以木本植物为主体的生物群落。集中的乔木与其他植物、动物、微生物和土壤相互依存、相互制约，与环境相互影响，从而形成的一个森林生态系统。森林常被称为"绿色银行""地球之肺""人类文化的摇篮"。不同学科里，森林有不同的称呼，植物学、植被学称之为森林植物群落，生态学称之为森林生态系统。森林是地球上最大的陆地生态系统，是全球生物圈最为重要的一环。森林是地球上的基因库、碳贮库、蓄水库和能源库，对维系地球生态平衡起着至关重要的作用。按陆地上的分布差异，常将森林分为针叶林、针叶落叶阔叶混交林、落叶阔叶林、常绿阔叶林、热带雨林、红树林、珊瑚岛常绿林、稀树草原和灌木林

梦中白马

牵着白马，走下坡地，白马迈着柔和的步子，它温暖平静的呼吸擦过你瘦削的肩头。

每一年，城市街道上飞驰的机车，一辆辆切削搜刮着你丰润多姿的生命，在明丽如初的季节，柔美热烈的拥抱一次次生成在相思森林无眠的深夜。

一直寻到现在，手里牵着的白马还没有走到梦中来。

奇蹄目，马科，马属。4000 年前被人类驯化

花盼

　　毛毛虫在绿叶上的水痕上爬过，感觉到一缕异样的光从头顶照下来。它抬了一下头。在头顶鲜红的花儿的边缘，有另一只毛毛虫在向下看。为什么开着花儿的小草会突然动起来？两只毛毛虫相互看着，还以为这世上另一个去失的自己正从时间的镜子里爬出来。

　　先是不相信，爬行了那么久，花儿一片接着一片盛开，阳光像浪一样泼溅下来。多少孤单的时刻就那么过去了。

　　此刻，那花儿依然在开，却和往日不同了，它不仅开在眼里，还开在心上。毛毛虫明白心里的期盼，终于开始降临了。

　　它心花怒放，知道好日子终于来了。

毛毛虫 鳞翅目（蛾类和蝶类）昆虫的幼虫，叫

歌手

一直在唱。

你听到早晨的阳光轻轻打开世界的门楣。

你听到时光的每一道刻度里，啁啁啾啾传出来爱恨不醒，母子连心。

你听到流淌的河水追慕着跌落，那份永不回头，让一片透明碎裂成无数针一般的冰晶。

为悲伤而唱，就是为爱而歌。

站在枝头，难以释怀的，林莺，让你成为林间歌手的是不是这些？

张相茹摄影

莺科，柳莺属，褐柳莺。莺科鸟类大部分体长 10 厘米左右，有 115 种。非常敏感活跃

石中鹭

石灵雕成的群鸟图里，有一大一小相依而生的两只白鹭。

在大理石里待得太久太久，你几乎是怀着怨恨和母亲吵嚷着闹翻了。你要离去，而母亲的法力又不足以使你安全地离开。

它苦劝你而没有结果，便把自己一半的生命抵押给守护石灵的水神，她将顺着水流，永远陪伴在你的左右。

离开痛恨的桎梏时，你是那么轻盈，你发现自己是安全的。飞过轻抚着你的那片水域，水上映照出一个雪一般的影子，你以为那是自己投影在水面上形成的，那个影子让你安心。

你不知母亲此刻就镶嵌在你身子里，那些看似抚平的隐隐作痛的记忆，还会让你日后飞回。但欢快地飞翔的你还不知道，从此以后，你将只能独自前行。

张相茹摄影

🦌鹭科，白鹭属，有13种，其中大白鹭、中白鹭、白鹭和雪鹭四种，通体雪白，习惯上统称白鹭

再生

父亲用铁锹尖把铲成两截的蚯蚓从土里挑出来，丢到我面前，说："看，曲蟮。"

湿漉漉的环形伤口周围粘着零星泥土。

"撕裂的伤口上，会不会布满流泪的眼睛？"看着从断裂的蚯蚓伤口上渗出一颗颗水滴，我在心里嘀咕着。

父亲用铁锹触碰两截蠕动的生命，然后又把它们埋到土里。父亲说："很快，就会变成两条。"

幼小的我不信这样的奇迹，却又期待着这样的奇迹。

当我慢慢长大，逐渐强大起来，才明白再生是每一个人都必须学习的一门课程，一个人经历过多少伤痛，有过多少次再生，他的生命深处就会有多少道年轮，正是这隐秘的年轮，让他有异于别人。

🦌 在西北方言里，蚯蚓又叫曲蟮。环节动物。达尔文曾把蚯蚓称作地球上最有价值的动物。中药中，蚯蚓叫地龙

摸鱼儿

鱼儿游动在水湾里，水湾里透明的水窝一个连着一个，如无穷空间一样缥缈。

抓鱼儿的人，待在某个位置不动，就很难发现水中鱼儿的影子。鱼儿浅灰的背鳍，几乎和水底泥沙的颜色相同，它警觉地轻轻游动时，很难预测它游动的方向。不同的鱼儿有不同的个性，要猜准什么鱼儿在哪道波纹里消失，什么鱼儿又会在哪道余波中闪现，真是太难的事……

在水窝子上跑动，受惊的鱼儿会飞蹿着，拍击起水花。这样心里就会有个底。急速飞蹿的鱼儿引起骚动，水中光影里腾起烟雾。顺着水流动的方向，用石头、水草、泥巴围成一个半封闭式的陷阱。

那个陷阱里，命定的鱼儿总会钻进来。它的生命已经没有了退路。

学会这样摸鱼儿，学会用摸鱼儿的方法去做事情，能够做成很多事。

彭博摄影

🦌 鳅科，泥鳅属，泥鳅。小型淡水鱼类，中国河流中常见

缘

难道是一种幻觉？书桌旁小竹篮里的刺猬，瞪着小眼珠，看着我，仿佛许久前就已经熟知的故人一般，向我说起它的过去：

一只幼豺伸到草丛里的爪子被我的尖刺刺到。它抓住我，摆弄我，露出牙齿要撕我。我蜷起身子，正要对抗时，一个黑影一下子把我们抓走了。

我是饿醒的，我挣扎着睁开眼睛，发现自己正躺在一个猫头鹰的巢里，巢里没有大鸟，大概又去捕食了。我吃了些枯枝的缝隙中的残汁肉末来充饥。一阵大风又把我卷出巢穴，正好卡在了树杈中间。

你走过那棵树下，敲击树干，让我砸在了你的头顶。

敲树干时，你是有意还是无意？

我轻轻碰了碰它的尖刺，算作它想要的回答。又用手指轻轻抚摸它软软的肚皮。小小的刺猬任由我晃着它，在暖暖的窝里，半闭着眼睛，时不时地看我一眼。好像为了享受这一刻的平静和爱抚，它之前经历的九死一生的冒险全都值得。

食虫目，猬科，猬属，刺猬

靠近

　　河马张着大嘴打架，水溅得像喷泉。远处拿着望远镜观望的孩子感觉到一种言语之外的活力。那是大自然的力量在衬托着人心，如同弓弦靠近大提琴。河马巨形椰枣一般的身体里一定藏着一颗单纯的心，才把童真烂漫的孩子的目光吸引过去。

　　水面平静下来，几只牙签鸟跳到河马张开的大嘴里，在小木墩一样的牙齿周围啄来啄去。

　　那张大嘴张开着，孩子总担心它一下子合上，把小鸟关了禁闭。但河马的大嘴一动不动，孩子忍不住说："河马多听话啊，妈妈！"

　　"小孩子可不能离河马太近。它的暴脾气总是捉摸不定。"妈妈警告着孩子。疑惑和好奇反而更深地网住了孩子的心。

🦌 河马科，河马属，河马。生活在淡水里的物种中最大的杂食性哺乳动物。只在非洲的热带雨林地带有分布

川子和她的水牛

　　川子用柳条轻打牛屁股，那清脆的响声让水牛欢快地跑起来。

　　梯田绕过浮云的层层遮蔽，山野上翠绿挽着洁白，雾气遮掩住山，山轻抚着川子的脚步。满山梯田的环纹像一棵大树的年轮，追着川子和水牛在山道上攀升。

　　阳光下，川子眉上挂着珍珠一样的汗滴。"死牛牛，跑慢点！"川子跑得气喘吁吁。

　　听到川子骂它，水牛反而跑得更快了。水牛最终还是停在水田边的一丛淡蓝色的勿忘草前，摇头甩尾，调皮的眼神透过迷离的光影，看着穿过薄雾的川子朝它跑过来。

牛科，水牛属，水牛。又叫印度水牛。因为皮厚，汗腺极不发达，天热时需要浸在水里散热，所以叫水牛

爱的图书馆

　　海豚的性情是否能够和人类的性情比肩？面对性情多变的人类，海豚似乎天然地愿意靠近我们，愿意告诉我们，我们和它一样，都是大海的孩子。

　　海浪的火蛇舔着落水孩子薄纸一样的生命时，孩子惊叫着，半张着嘴哭喊。是你——一次次跃出海面，用头顶起幼小苍白的身体，嘴里"咕咕"叫着，像天空里的白鸽一样急切。那是什么？是无法解释的爱吗？

　　海面上泛起一道道白色的波浪，海豚追赶着翻滚的波浪，好像大自然里有多少秘密在一页页翻开。

　　生命与生命拥抱，爱与爱撞击，灵魂与灵魂相互点亮。

　　我站在船舷旁，看着一排排海豚从海面上跃起，看着你们试图靠近，那么急切的眼神似乎有什么要告诉我。很多个世纪以前，我们曾是生命的伙伴，在我们的心里，拥有过同一座爱的图书馆，图书馆里的每一本书因爱而重生，就像每一个生命因爱在延续。

🦌 哺乳纲，鲸目，海豚科，海豚。分布在各大洋。除人以外，海豚的大脑是动物中最发达的。人大脑的重量占体重的 2.1%，海豚大脑的重量占体重的 1.7%

扑火

夜晚，意外停电。

点亮了烛台上的蜡烛，烛光像受惊了一样跳动着。光的跳动给人一种错觉，好像世界因为这样的跳动，会变得越来越亮。事实上，周围的一切，和灯光照亮时相比，依旧是昏暗的。如果世间真有一颗心脏在眼前舒张，看不透的茫茫黑夜一定是一头覆盖了厚厚鳞甲的怪兽。

我读着弗吉尼亚·伍尔芙①的《海浪》。有几只不知从何处飞来的灯蛾，飞向烛光的中心。领头的灯蛾翅膀一瞬间被火焰烧穿，掉到桌面上，挣扎着死去了。它的翅膀在被烛火烧伤之前，急速扇起一阵风，身后几只紧随的灯蛾的飞行轨迹被扰乱，得以避开烛火的烧灼。据说灯蛾的眼睛有独特的趋光性。飞离的蛾子又盘旋飞回，一次次义无反顾地撞向火焰，好像那明亮的中心，是家园敞开的大门。在我为烛台罩上玻璃罩子之前，又有几只灯蛾扑到了火光里。

《海浪》中所有难解的对话，突然都被眼前"飞蛾扑火"的勇气点燃，那种追逐光的意志，因为无视生死，坚决凶悍得有点吓人。

伍尔芙这样描述飞入灯火的蛾子："仿佛有人手捧一颗纯净的生命之珠，轻盈地镶嵌以绒毛和羽翼，使它翩翩起舞，轻转飞旋，把

---

① 弗吉尼亚·伍尔芙（1882—1941），英国女作家，意识流派的代表人物，也是20世纪最优秀的作家之一。

生命的真谛都一齐展示出来。"

　　让人难以理解的是，伍尔芙是如何意识到自己是一只蛾子的？

彭博摄影

昆虫纲，鳞翅目，蛾子，种群非常庞大

凝视

　　算不算是一种等待？紫貂熟悉的头顶又一次从倒在荒草里的圆木后面冒出来，小圆耳朵轻轻抖着，灵秀之气外泄。它在朝这边眺望，它一定看到了坐在窗前的我。

　　半年时间里，每个下午，我基本都坐在窗前的桌旁写作。第一次觉察到你在窗外不远处的小土堆后面一闪一闪的，是笔下的文字正好遇到艰难险阻难以推进的时候。你，那么突然地钻进我内心枯竭的河流，让我感觉到这世界存在的动感和喜悦。远远地丢一粒花生，撕了半颗红枣给你。你轻轻来到窗前的空地上，步子警觉又轻快，竟然信任了这么一点儿诱惑。

　　谁能解释从那次以后，我与你之间会相互延续这种相遇？我渐渐期待看到你颚下那片美丽的鹅黄色圆斑，期待它在眼前微微晃动，一直晃到我的心开始颤抖。

　　每天，你为穿越丛林活着，我为心里的期盼和意志活着。有一天，在那个时间，你没在窗前的草丛里出现，我感到失落，甚至担心你的安危。

　　现在，我凝视着你，你凝视着我，世界安安静静的，此刻，我们只为彼此的相遇活着。

鼬科，貂属，紫貂

受伤

这是旱季前的最后几个黄昏，整个草原快要被太阳烤焦了。母狮伏在树下一片阴凉的沙地上。风懒洋洋地吹着，掩映母狮的枯草像是被黄昏落日的红光点燃了。

即便在饥饿中，调皮的小狮子依然在母亲的脊背上爬上爬下，寻找着玩耍的乐子。母狮被搅得心烦了，龇一下牙，小狮子才会安静下来。

吞吐着黄昏的热气和红光，母狮看着孩子日益消瘦的身体，它感到某种无形的力量压着自己。两天前追逐斑马，被拼命挣扎的斑马踢中了后胯，伤势越来越重，胯骨一定被踢碎了。想到一张难以预料的大网正在罩向自己和孩子，母狮强忍着剧痛挣扎着站起来。它的身体摇晃着，神经紧绷着。

不远处，狮群在分食新捕到的一头角马，小狮子既恐惧又兴奋地吱吱叫着催母狮。自从差一点被一头雄狮吃掉，小狮子再也不敢独自跑向猎物。

母狮不知道自己还能依靠舔食猎物骨头上的碎肉活多久，所剩不多的碎肉，还要留一点给身旁的孩子。它几乎失去了奔跑的能力，但它对自己牙齿的力量依然带着一点儿信心。它开始往前走，往狮子聚集的地方挪动，身子晃得越来越厉害。

🦌猫科，豹属，非洲狮。草原上最大的猫科动物，喜欢群居，是真正的草原霸主。一个狮群往往只有一只雄狮，母狮负责狩猎和养育孩子，雄狮负责守护整个狮群的安全

迁徙

　　紧靠着水域，几根被隐藏起来的管道，半夜时分，几个黑影悄悄打开了密封的闸门。红色、紫色、蓝色的污流一时间发疯一样喷射到河面上。

　　死亡的阴影注入水中，开始无情地淹没一切触碰到它的生命。

　　秘密站岗的青蛙哨兵，第一次发现了无可阻挡的死亡气息。

　　无数只青蛙在水草中打开了一条条封闭的密道。黎明时分，在紫黑色的河流从远处席卷过来之前，青蛙家族发出了史无前例的迁徙密令。

　　清晨的阳光照着水中世界，惊醒过来的水草，被眼前的景象惊得发呆的鱼儿，看到游动在万千水波中的蝌蚪大军，正在从人类造下的恶的追袭中，夺命奔逃。它们听到了蝌蚪们的呼喊，一时还没有明白，原本美好的世界已经失去，它们的生命很快就要被死神的镰刀——收割。

彭博摄影

蛙、蟾蜍、蝾螈、鲵等两栖类动物的幼体，统称蝌蚪

雾那么浓，路一时间变得像迷阵。这雾是从哪里来的？

一阵风卷过，白雾聚成一个朦胧的人形，我茫然穿行在雾中时，感觉有人一下子握住了我的手，有个洪亮的声音像久违的熟人一样朝我打着招呼："多日不见啊，石先生。"

我惊得后退一步，四顾看，没有发现说话的人。

"你在哪里说话？是在何处认识我的？"

任那双温热的手把我的手握住，我木然地站在雪地上，像是被人捏住了心脏。

风把浓雾吹淡了。树丛里，一只白狐，像雪地里收藏的一个失落的精魂，还没等我做出反应，它闪出石面，竟然扑面而来，嗖的一下，跳入我的怀里，又倏忽不见。

我呆立着。雪在簌簌下。我不知道自己刚才遇到了谁。

犬科，北极狐属，北极狐。又叫白狐。已经能够人工养殖

画家的斑马

　　我认识一对来自草原的画家，妻子蓝玉般的颧骨上荡着一股英气，细柳腰身，像是每日挥毫的丈夫的墨白烟霞。他们曾邀请我到草原上，一起看千草碧，望落日霞。女主人跃马横出在风里，丈夫指给我看他引以为傲的线条在大自然的画布上叩问作答。

　　几年时间里，看过几次画家夫妇的画展，两人合画的群芳谱里，那些妻子画成的花中镜像，叶间锋眉，像是搜魂的夜叉。画家独立完成的抽象空间，幽玄极了，好像能把人的魂儿抽成丝线，卷成线团。我笑言："你们俩野心真大。"丈夫抱以哈哈大笑，妻子的眼角则浮现一丝不易觉察的愁容。

　　有一日，闲来无事，去拜访画家位于山麓的家。厅堂中空寂寥落，不像以前那么恬静平和，女主人的笑声曾让家中的各个角落总是充满着古琴的余音。随口问他："女主人怎么不在？"他沉默着，一时间苦痛之气拥满眉角，他沉思着，像要做什么艰难的抉择。最终带我到后院的马厩。

　　整洁的马厩里铺着干草，干草上卧着一匹安静的斑马。我没有问多余的话，只是看着斑马，看着画家。他盯着斑马，一言不发，眼里的泪水突然如断了线一样滚落到水泥地面上。

 马科，马属，斑马。斑马身上黑白相间的条纹分布，类似人的指纹，可以依此来辨别斑马的类别。主要分布在欧洲

生活禅

　　鼹鼠爸爸是见过大世面的，它经历过生死攸关的历险，世界对它的折磨让它心里产生了一些不忿的怨气。它有一份美好的憧憬，希望自己的小鼹鼠长大后成为那种让它引以为傲的全才：睁虎目，撑熊掌，伸马腿，吊猿臂，迈象步，竖兔耳……

　　浑浑噩噩中，小鼹鼠经历着种种难以形容的折磨与煎熬。

　　时间为每一分努力准备着另一个没有人知晓的答案。

　　最终，小鼹鼠安居在地下的巢里。它忘情地建造着自己的宫殿，连视力退化了都没有觉察，它的听觉变得异常敏锐，身子丰腴健壮，爪子铲土如飞，皮毛厚实柔滑，性格孤僻安静。

　　有些灯熄灭了，有些灯亮起来。生命终归都是如此，才展示着它活着的意义。

🦌 鼹科，鼹鼠，俗称蛤蛤。鼹鼠在西方还代指"间谍"

蚌中珠

那是在深海，第一次察觉到你的光芒，我伸出手，又停住。胸腔里储存的空气用完之前，轻轻触摸了你一下，然后开始急速上浮。确知你在那里，我心满意足。

又一次，我奋力潜游。锻炼过很多次，试图让自己变强壮，变灵敏。你在我心里，我的胸腔里储满了对你的爱意。潜得越深，水的压力越大。那个海沟是只为最优秀的采珠人敞开的，那里，预留了你难解的成长，预留了一份浑然天成的凝聚，预留了你毫无保留的温情。

双腿快速地摆动。水亲着我的脚掌，把我推向那个水流交汇的十字路口，推向正在发光的你的所在。

曾梦到你在我怀里。想象过你形成的那个瞬间，一股海流卷起浮沙，有一粒裹着我心血的方石，不经意间落入那个巨大的珍珠贝最柔软的深处，带着尖刺般的隐痛和你结合。在你的隐痛和我的窒息里，分泌出了这个世界上唯有我们才能辨识的存在。这是日后我能追寻到你的原因吗？

时光漫漫，水声悠悠。你含着我的惊扰。从那次惊心之遇开始，无数个沧桑的日月都没有阻挠我对你的渴望。不管多么疲惫煎熬，不管潜入深海多少次，哪怕眼结膜、耳鼓膜充血，我都没有后悔过。

 珍珠贝科，珍珠贝。很多贝类，如鲍鱼、蚌、贻贝、江珧、砗磲等都能产生珍珠

触碰

水和光相互转化，水成了光的使者，光化成了水的命运。

生命进化的历程中，一缕光经历无数的累积和等待，让一块死寂的物质具有了流动性。流动性便成了生命灵魂永恒不变的特质。

之后，在人类这里，流动性又成了思想和情感的要素。生的艰难和趣味又让这流动性和人漫长又短暂的一生统一在一起。

只有一寸大的乔木状章鱼潜入了幽深的海洋，触碰大王章鱼城堡一样伟岸的身体时，它有点害怕。但小章鱼依然听到了"咕咚"的一声，有个气泡从触碰的地方冒出，直达铺满阳光的海平面。

生命与生命的每一次触碰，让世界充满了惊人的可能性。

章鱼科,章鱼属,章鱼。俗名八爪鱼。章鱼有发达的大脑,能分辨镜中的自己。乔木状章鱼是最小的章鱼,大王章鱼是最大的章鱼,重量可达1吨

悔象碑

给予大象照料、爱抚和食物的人，用手触摸着大象的鼻子。

把敏感大门的钥匙交给谁，就是把心交给谁了。这种敞开胸怀的信任里，时常也隐藏着怨恨吗？

醉酒的主人无意中把锋利的尖刺扎入大象的鼻子。疼痛激发了兽性，狂怒的大象踩踏主人身躯时双眼充着血。最后，大象似乎明白了什么，它成了世间最可怜的动物，直到绝食而死，那双眼睛里，依然是湿漉漉的……

旅行中，在一个村口，看到一座"悔象碑"，绝食而死的大象和钟爱它的主人共同埋在一个墓穴里。知道我是个作家后，村民们向我讲述了这个关于"悔象碑"的故事。我无法理解那种悲伤，来自一种动物与人的悲剧。我只能猜测这些善良的人，把那么纤细的爱的琴弦，当作部落的传奇来纪念和传颂，总有它说不清的原因。

大象，目前陆地上最大的哺乳动物，象科现存两个属，非洲象属和象属，非洲象属有非洲草原象和非洲森林象两种，象属只有亚洲象（也叫印度象）一种。非洲象聪明，性情凶悍，很难被人类驯服，亚洲象性情温和，常被驯服帮助人类搬运重物。中国境内，云南南部西双版纳傣族自治州有少量亚洲象分布

暮光之虫

夜，静静的，没有缘由，心底生出一丝愁绪。

路途遥远，走得有些疲倦了吗？一朵朵憧憬的花儿在心上低垂着。每个人心里都会有一首自己低音的曲谱。

想起那些曾经像火一样燃烧的时刻，恒定长久的激情从生活混杂的矿石里凝练出一个金色的倒影。

窗外是水塘，室内的灯光，天上的星火，在水面上聚集成钻石一样的碎点。或许只是平常景象，谁又会去凝视这与个人无关的宁静呢？一些蛰居在阴影里的昆虫，离开潮湿闷热的水边，翅膀打着节拍，唱着幽灵之歌，一群接着一群追着旋转的光影飞去。

只要有人轻轻一推，你会不会跌入这样的镜子里？跌入另一个叵测未明的世界里？

彭博摄影

昆虫是地球上数量最多的动物，在所有生物种类中，所占数量超过50%。目前人类已知的昆虫超过一百万种。图片为蛾

语言

据说有人做过精准的称量，像物理实验，试图以此探寻世界上最大的奥秘，关于灵魂的隐遁与显藏，关于人为什么是万物之灵。

"人死时，灵魂从躯壳里飘出，那具枯萎的肉体，不多不少，刚好轻了 21 克。21 克，是一只蜂鸟的重量。"

蜂鸟在大自然的怀抱里飞翔，它并不在乎用自己的重量去度量什么——度量一粒种子，度量一缕光线，即便度量灵魂。你爱怎么度量就怎么度量。它暗自发笑。度量灵魂，怎么可能用到重量？

无数人试图超越欲望，进入审美、艺术的后花园，想要一窥创造力最闪亮的那颗星，想要一窥灵魂的面目，想要知道它如何吮食生命的花蜜，如何染透孤独和欢乐，如何立足于动荡不安的欲望旋涡，又在孤寂的等待中写下无数的奥秘。

人们想象蜂鸟，想象它正载着灵魂在度量，想象它向万花诉说，向风诉说，向生长和腐朽诉说。

它的轻盈与迅捷有多重？它驻扎在片刻和永恒里有多长？它在虚无中把生命推到什么样的幽谷？它的语言在大自然的四季里刻得有多深？

关于语言，凡写下的，都化到风里，要写的，才刚刚开始。

蜂鸟科，蜂鸟。唯一可以向后飞的鸟。世界上最小的吸蜜蜂鸟体重仅 1.8 克

镜
中

只一个照面，就会让人着迷，迷上黑白分明的毛色，迷上圆润精巧的身躯。当那双几乎是对着世界相思般的眼眸投来一瞥，谁的心不会温软下来？

看着它荡下秋千架，看着它滚过花草丛，看着它像升华了的融冰一般享受着细嫩的竹叶……在与世无争的恬静里，熊猫活在一个天堂般的童话里，活在一面镜子里。

这样活着，是一个物种怎样的潜伏？是再生的一种怎样的形式？

不管是幸运，还是不幸，都替它高兴。在进化的竞争中，它争得了一点时间，可以耐心地等待自己自由选择命运的时刻，在某一天到来。

熊科，大熊猫属，大熊猫。大熊猫是和剑齿象同一时代的生物，后来同期的其他动物都已经灭绝，唯有大熊猫孑遗至今，并基本保持了原来的特征

撞入

　　轻捷、优雅、温驯，小鹿跳着，跑着。还能用什么话说呢？说它像光溅到水波上吧。它就是用这种方式跑来的。

　　它穿过草丛，无意中一头撞入那个路人的心口。那个人站住，直愣愣的，胸闷得几乎要停止了呼吸，他还不相信自己已经受了伤。

　　他摸摸胸口，心怦怦跳得厉害，突兀得像要从嘴里跳出来。他喘着气，察觉有什么东西撞碎了自己生命的格子。

　　就这样，那只小鹿住到了一个路人的心里。

　　从此，这个人变得不再那么毛毛糙糙，匆匆忙忙中，会突然停下来，他会静静看光照在花儿上，怎样把花一瓣一瓣催开，他的眼睛里时常有画笔一笔一笔落下，笔尖带动眉梢流动的颜色，是只有爱才能晕染出来的颜色。

偶蹄目，鹿科。是人们喜欢的一种温驯的反刍类哺乳动物

夜脊

雨后，水洗过长夜，尤加利树伸向天空的枝丫触着星光。从梦中醒来的考拉妈妈和它背上的孩子，静静坐在夜色的脊背上。

考拉妈妈给孩子讲着古老的传说，那些细碎的耳语里，成长的烦恼和爱的安慰"咕噜咕噜"叫着，让小考拉惊讶这平平淡淡的森林，广阔的原野，刷刷的雨声，竟然汇聚了那么多神奇的故事。它从妈妈的怀里爬上妈妈的肩膀。

考拉妈妈并不担心小考拉的顽皮。雨后的夜晚那么清凉。它继续讲着那些遥远的故事，声音浸透尤加利树的树干，在夜风里流淌，那些故事展开翅膀，绕在星光的琴弦上。小考拉兴奋地试图捕捉空气里看不见的影子。

黑夜游弋，悄悄滑向黎明，那条光线弯成的惊人背鳍，一点点渗入大自然的秘密语言里。

🦌 尤加利树，也就是桉树，桃金娘科，桉属，是考拉的专属食物

🦌 树袋熊科，树袋熊属，树袋熊，也叫考拉，澳大利亚特有的有袋类动物

毒牙

青蛇被铁环紧紧压住七寸，吞吐的舌尖发出咝咝响声，剧烈扭动的身躯上涌动的色彩，像活的翡翠要从一个秘密熔炉里流出来。

捕蛇人盯这条翡翠青蛇好几天了，他觉得，这样一条青蛇一定能卖个好价钱。为了掌握这条美丽尤物的命运，他忘了双脚站在岸上，忘了孵卵期的蛇拥有致命的毒性。他的脸上，因独得并毁灭这稀有的美，露出狰狞的笑容。

浅水不远处，另有一条更显耀眼的青蛇，正弓着身子，箭一般咬向他的脚踝。蛇嘴里露出的毒牙和他脸上的笑容是同一种颜色。

蛇，无足爬行动物的总称，全球已知的蛇类有三千多种

彭博摄影

蚱蜢春卷

那是一家墨西哥风味的餐厅，端上来的食物里，几只蚱蜢春卷散发出阵阵诱人的香辣气味。嘴里涌出阵阵口水，胃里却又泛起抑制不住的恶心。这种感觉实在怪异。我无法吃下任何一种样子活生生的虫子。

挂在墙壁上的电视里正播放着蝗灾的纪录片，我振振有词地说："蝗灾留下的美味，收割生命的死神临别馈赠的礼品。"以此拖延时间，思考自己吃还是不吃。

"别扯淡了，来，开吃了。"我被朋友训斥，强忍着放下自己的胆怯。

嘴里撕裂的那个生命，不久前，在绿草中间，就像电视画面上那样，正蹬开双腿，试图摆脱命运捆绑它的绳索，试图摆脱自己生命最后一个动作的终结者。

张相茹摄影

🦌 直翅目，蝗科，蝗虫，俗称蚂蚱、蚱蜢，全世界有超过一万两千种

枪口下

雪洋洋洒洒，下得那么大，给兔子灰灰的毛罩上了一层粉白，那由机灵的风和欣悦的水晶凝聚成的纱衣，让兔子奔跑起来更显轻快。

爪子把雪像春天的花儿一样蹬开、扬起，藏在雪下的光升腾起来，围着那张瞬间天然呆的三瓣脸，雪粉里的气味突然变得有些异样，那是兔子熟悉的火药和草根混合的气味，是危险到来前整个世界传过来的声音。

奔跑的兔子一下子停住脚步。

它竖起耳朵静静听，好像有个声音在遥远的地方喊："猎人来了，快跑啊！"

它警觉地判断着逃走的方向。听着风中天籁，看着雪样年华，样子变得更呆。

🦌 兔形目，兔科，兔属，野兔

金鸡在黎明

　　隐在薄雾里的乡村，蔓延着清苦中微带愁绪的宁静，金鸡是使这份宁静显得神圣的守护者和铺垫者。

　　五彩华衣在飞腾，猩红鸡冠在燃烧，是谁给了这份嘉许，让你骄傲得如此不可一世？是谁让你迈着方步，拨动丝丝阳光拉出的金色琴弦，唱起唤醒黎明的圣歌？

　　这时，多数人还在梦里，正被心魔困扰于风暴不息的迷幻山林中。你惊醒了世间的多少美梦？肉体苏醒时，意识还留在谜一样的道路上，魂儿被深埋在枯叶堆里。

　　小时候一直不明白，古老沉寂的乡村，为何在除夕前夜，总要把如此美丽的金鸡，献上阴森森的祭台，变为家庭安康长存许给神灵的愿力？

张相茹摄影

鸟纲，雉科，家禽，公鸡。俗称金鸡。它的英勇、顽强、好斗，让肯尼亚把它当作国鸟

蚕旅

出生时丑陋不堪，芝麻大小，像黑黑的逗号，就像好文章充满流动性的开篇。

恐慌随之而来，让小蚁蚕扑向绿色桑叶铺成的台阶。每一天，它在桑叶上雕刻着自己生命的版图。一片片桑叶在嘴里湮灭。生命由外部融化到内部。

惊喜时去拥抱，忧郁时懂神奇，生命在不知不觉中发生着蜕变。由漆黑的一点蜕变为可以衔住时光的一道洁白。

为了让生命升华，要经历那么多次痛苦的蜕变，一次，两次，三次，四次，那是痛并快乐着的旅程吗？或许生命的意义本就如此？

在痛苦和平静中做丝，在激情荡漾中吐尽芳华。最后，当秘密的宫殿终于封顶，它悄悄把自己幽闭在那个一尘不染的世界里。等着蛹化成蝶，等着涅槃为新生命的又一次开端。

以毛毛虫一般的天真入世，以稳重的蛹的成熟醒来，又以飞舞的蛾的形式完成爱与生的延续。

不同生命的周期各异，但没有一只蚕的生命是白来的。

鳞翅目，蚕蛾科，蚕。最常见的是桑蚕，也叫家蚕。中国是世界上最早养蚕的国家

朽木逢春

一道黑箭冷不丁地破开雨声，穿过屋中昏暗的灯光，落到烟囱顶上的巢里。身后有另一道黑箭紧随而至。

"真准时，燕儿回家了！"屋子里原本冷冰冰的，此刻终于有了一点儿活力。

雄燕儿泛着金属光泽的黑羽和去年一样，总会吸引人的目光，雌燕则带着点俏皮，时不时抬起栗色的头，顶一下雄燕白中带粉的腹羽。

在那个燕啄春泥的四月，第一次飞临到烟囱上筑着新巢的这对家燕，胆子那么大，也是这样叽叽喳喳地叫着，像极了春天里一夜破开新世界的绿芽。

此刻，这对燕儿那么激动，长途跋涉后的归巢，终于可以让它们抖落一身的疲惫。它们叽叽喳喳地叫着，屋子里的死寂被驱散了。

他翻身从床上坐起来，双手盖住脸，像是释放了某种绝望一般嘤嘤嘤地开始哭泣。

🦌 雀形目，燕科，七十四种鸟的总称。候鸟

夺巢

带着似箭归心和浓浓暖意从南方归来，楼燕发现自己去年的巢被麻雀占了。

领头燕愤怒地召集家族会议。讨论会上群情激昂，丑陋无能的麻雀的强盗行径，让整个楼燕家族的勇士都愤怒了。

它们站在离巢穴不远的电线上，一起狂喊："埋了它，埋了它。"一个下午，斑斑点点的泥巴就把巢穴封成了一座坟墓。第二天，劫后余生的麻雀又从巢穴旁扒开一个缺口进进出出。那几只麻雀显然已经熟悉了楼燕巢穴里的生活。这样安全、温暖、精致的联排城堡，去哪里找呢？

楼燕渐渐飞散。这样丑陋的巢穴，很显然，楼燕已经失去了重新占有它的兴趣。

夺巢之战，自傲、愤怒和矜持以输给无耻、韧劲和胆识做结。

世间事，大凡如此。

🦌雨燕科，雨燕属，楼燕，又叫塔燕。习惯将巢建在高处的塔檐、墙缝等处

雪豹线

看着离去的背影，多哀伤！为什么要期盼一次不可能的转身呢？

你捷足蹬悬于树之巅，又一次去撞那虚空的镜面。

离开峰顶时，它没有转身。一想起这个，人的心便忍不住颤抖。那个握在心里的大湖，长天碧月里透着蓝，仿佛怀抱着你的生命。

眼睛盯着漫卷的风雪，你要追溯的，是许你活着的将来，还是给过你慰藉的过去？你追逐的地平线，是不是在那个转身的背影之前？

猫科，豹属，雪豹。喜马拉雅山脉最重要的物种之一，濒临灭绝

獒神释义

《说文解字》说，敖，傲也，强健，有义，放浪，难驾驭，不拘束。

水中"鳌"，为大龟鱼；空中"鹜"，为天空猛禽；良驹，桀骜不驯；人中傲者，皆豪杰。

铁木真统一天下时，手下四员猛将速不台、者勒蔑、哲别、忽必来，并称蒙古"四獒"。

《尔雅·释畜》说：狗四尺为獒。汉朝一尺比现在的度量要短，四尺约合现在 92 厘米。"犬知主人心，四尺猛形立，忠义而不驯，诚使守家门"为獒之神。

犬科，犬属，藏獒。古代被认为是最佳护卫犬，但野性尚存

金鱼樽
①

　　"当酒杯用有点儿大！"

　　"这可不叫杯，叫樽，这个樽叫'水恋落花'"。送酒樽的人不满意地努着嘴。酒樽底座雕成一股喷出的泉水，杯子则雕成一条头微微昂起的金鱼的形状。透过光，能在杯身上看到一大一小两块云斑。

　　"这是日月纹。"

　　"能叫它金鱼樽吗？"

　　"随便！"

　　每次饮下溶了一点儿日月的酒，都要和一只美丽的金鱼亲一下嘴。

　　几年后，杯口边缘出现了一道隐秘的裂纹。

　　"早知道……"

　　"是啊，早知道……"话虽这么说，却从未想过丢弃两个字。

---

① 这段文字是读《川端康成文集》时所写。物事，人事，心事，都是命运共同体。

鲤科，鲫属，金鱼。起源于中国，又称金鲫鱼，是由鲫鱼培养而成的观赏鱼类。"水恋落花"是一种金鱼的名字

食梦鱼

（一）

这样的追踪有用吗？

第二次来水族馆热带鱼标本区，在路上，我还不断地问自己。专门来看一条鱼，那条鱼是你要追踪的鱼儿吗？

第一次走进热带鱼标本区，各个水族箱里的鱼群像遭了电击一样炸开了。它们像飞舞的海带一样从我身边逃离。我没有任何异能，这不是我的原因，一定另有原因吧。

眼睛贴近透明的水族箱玻璃时，唯有你，一条七彩神仙鱼，飘飘悠悠地离开鱼群，游到我的眼前，眼神里满是不屑和蔑视，就那么直直地看着我。

脑海里像被什么东西猛地一击——你直直地游过来，没有一点儿要停下来的意思，仿佛已经习惯了，游出时空对你的阻隔，游进了我的瞳孔。

听到有个声音在喊："啊，梦，那么多的梦！"难道是我有了幻听？

我紧紧盯着你。不能再放过你。

---

① 胡里奥·科塔萨尔的《美西螈》中，一个人和一条美西螈互换了心理和意识，那个身份互换的奇异故事，读起来天衣无缝。受那个故事启发，我写了这个镜像故事。

总是有很多个梦，但渐渐地开始只做同一个梦，梦里的情形清晰得可怕：梦的深海里，游动着一条面目模糊的七彩神仙鱼，鱼儿身上爬满了蠕动的灰黑色的活物，那些活物在鱼儿身上游走，贪婪地吞噬着游过它身旁的一切，包括那些污秽、血肉、神经、爱恋、痛恨与疑惑形成的图形与色彩。

　　是梦之海在颤抖，还是做梦的人在颤抖？

　　混沌世界，有一样东西出现，就必然会有以它为食的另外一种东西存在，这本不需要大惊小怪的。那些游弋在另外一个时空里的梦，虽然一睁眼就烟消云散，但它们都是我心灵依托的宝贝，是同我相遇的大千世界住到我心里来的幽灵，是证明过去、现在、未来我活着的一份凭证。从没想过，一个人失去了做梦的能力，生命会变成什么样子。直到梦一点一点变少。这样的事发生，最初是庆幸，后来开始恐慌。没有了多彩的梦的冲击，很多个夜晚，除了和同一

慈鲷科，七彩神仙鱼。俗名七彩燕，分布在南美亚马孙河流域

个梦魇搏斗，其他都是空白。世界对我变得越来越没有意义。

开始对那条占据了梦境中心的鱼儿警觉起来，我不知何时意识到这个梦境的异世收藏家对我梦境的蚕食。白天清醒的时刻，周围的声色犬马都无法和我的梦产生关联，这让人愤怒。

在这个城市里，我已经追踪过无数条七彩神仙鱼，我发了狂一样盯着每条七彩神仙鱼看，没有一条有过反应。而在每个茫茫的深夜，一闭上眼睛，世界与我建构起来的梦之阁楼，又有一个架子将变得空无一物。而那条贪婪的七彩神仙鱼还在我的梦境里继续享用它追逐到的美食，就像狮子冲进了羊群。

现在，你鬼魅的嘴又一次张开，你那么肆无忌惮，从蛰伏隐藏的洞穴里游出来，还以为此刻是茫茫的黑夜？在你穿过我的瞳孔进入我的梦境时，你的样子为之一变，那条精巧温驯的七彩鱼儿，一下子变得面目朦胧，环绕在你周身的幽灵无形中浮现，你嘴里长长的獠牙，吞吐自如，伸进伸出，那些连着我心血的梦之宠儿，一时四散，因为无处可逃，躲在角落里瑟瑟发抖。

我发誓，这是最后一次，为你自愿献上我在海边曾有过的一个空梦的现场。我将把你钓起。

沸水在翻卷滚动。你该明白，那是为谁准备的。

溪流清澈，印出水底细沙灰沉厚重的质地。从水葱和野慈姑中间的水域，突然滑出一群水黾。它们朝眼前滑过来，像是大自然这本巨书里跑出来的顽皮的文字。

"米、米、米……"水面上写满了人自然无法解释的秘密。水神恭恭敬敬地打开那页透明的纸，以便让这群心细如发的精灵在纸面上重新组合它们狂想的一切。

这些水黾又在布设怎样的迷局？大自然收藏的书页里又会增加怎样的故事？

流水打磨着时光，时光重铸出一把钥匙。

自然之门会藏在哪一个角落里？

彭博摄影

🦌 半翅目，黾蝽科，水黾（miǎn），俗称水蚊子、水马、水蜘蛛

戴胜的幸福

后院洒了碎花一样的树荫，在可劲长的刺槐和合抱粗的榆树中间，阳光照亮了一块方台。我翻着一堆资料正在准备写作，臭椿树斜出的一根树杈上，不知何时飞来两只鸟儿，"啄木鸟和斑斑儿在说话。"斑斑儿是山斑鸠，啄木鸟其实是戴胜。

大概是老树下面落叶堆里的腐殖味把它们招来的。山斑鸠很快飞走了，留下那只戴胜，它飞起，急停，又在草茎间跳跃，头顶摇曳的羽冠像是奔跑的花朵在找寻失落的魂儿，脖梗上淡橘色的绒毛，水流一般呼应着羽翼上黑白交替的颜色。长长的细嘴叼起一只只藏在树皮里、草堆中间的虫子。每得收获后，会叫上几声，似乎在说，生命乐观，才有所得。小家伙倾心于一时一事点点滴滴的收获。它的勤劳、美丽和快活的姿态，唤起我对它的好奇。在古老的神话里，戴胜是昔日西王母的精魂。我不能确知眼前的这只戴胜是从哪个时空飞来的，它啄食着大自然的幕布，又在令我产生无限想象力的天空下，把自己的悲欢留下来。

彭博摄影

🦌 佛法僧目，戴胜科，戴胜属，戴胜

五线谱

　　暮色低沉，冲入旷野的一群灰椋鸟猛地站满了横跨空中的几条电线，仿佛异世来客，突然坠落在一片音色均一的眩晕里，一个安静世界瞬间压下来。有只无形的巨手轻轻按住了激动不安的时间鼓面。那个安静还没来得及裂变，雨声般的鸟鸣又溅起来。

　　出生时就定好的生命调子，决定了永生追逐的五线谱。

　　季节冷暖，风雨呼唤，光影纠缠，生死撞击，爱恨茫然。灰椋鸟的生命音符就画在这样的五线谱上。

　　深夜，鸟群终于静下来，缭绕在翅膀上的黑火隐匿到以心为宇宙的静伏的光里。天光亮起时，下一个音部，会是一次集体狂舞在世界上的燃烧，还是飞掠一个个大湖的期盼？

彭博摄影

🦌 椋鸟科，椋鸟属，灰椋鸟。候鸟。性喜群居，喜欢在电线或者树枝上休憩

生离死别

不知是什么原因，雄野鸡远远地看到雌野鸡，就腮红如血。那正是雌野鸡骄傲的青春岁月，那时候的它，爱花海碧草胜过世间一切，它经常独自"咯——多——多"地叫，暗暗恋着自己天生的纯美。而雄野鸡固执地飞下山崖追它，固执地飞奔过堆满乱石的河面走近它，固执地和它一起爬过道道山梁，固执地陪它走过泥泞的道路，固执地把身子横在风驰电掣地撞向它的怪物面前。这些固执多么傻，多么可笑。就为这些可以体谅的傻气，才把心许给它，在心里刻下这个莽撞又可爱的生命伴侣的图像。

就在那一天，两只美丽的生灵在躲无可躲之下，还没有意识到那一刻就是生离死别，雄野鸡只是心头一热，沉积许久的爱凝结成了一座山，在让雌野鸡跳出草丛之前，它把自己暴露在阴森森的枪口下。血花四溅中，它尖叫着，挣扎着，试图重新飞起，又如断线的风筝般跌到山崖下。死神卷走它之前，它还在挣扎，还想飞起，想为爱人引开躲不掉的追踪，想与爱人一起飞到危险无法降临的地方，飞到不曾有过死亡的地方，飞到爱重新来过的地方。

张相茹摄影

🦌 雉科，雉属，环颈雉，又叫野鸡、山鸡。雄鸡羽毛鲜艳，雌鸡呈灰色

后臀见骨的伤口涌着血，但母角马依然疯了一般冲上土岗四下眺望。伤口是爬上河岸时，疯狂的尼罗鳄用大嘴留给它的纪念。伙伴、首领……它们都在哪里？对岸被遮天蔽日的烟尘遮住了。

迁徙必经的要道上，挤满了别无选择的角马，汹涌的尼罗河拦住了去路，河面上是密密麻麻伺机而动的鳄鱼。两岸上，角马的尸体一层层堆叠，疯狂的蹄子溅起的泥浆和鳄鱼半张开的大嘴搅在一起。

9月的旱季，这是角马迁徙路上最后的审判台，在这里，大自然将宣判每一头角马最终的命运。

命够硬，运气够好，才有机会活下去。

哪怕受一点点伤，意识的弦松一点点，就有可能瞬间被拉入死神的怀抱。

每年7—9月，非洲大草原的旱季来临，上百万头角马从坦桑尼亚向肯尼亚进发，展开长达3000千米的大迁徙。每头角马从枯萎之地启程时，都怀揣着站立在水草肥美的土地上的梦想。

这个史诗般的历程如此悲壮，充满了奔波、辛劳、死亡。任何一个经历者，最终都会看淡生，看淡死，更珍惜自己前进的脚步和心中的挚爱。

牛科，角马属，角马。也叫牛羚，是一种分布在非洲草原上的大型羚羊

迎接与送别

　　流水爱上那只桀骜的青虾时，困惑了。它游过的河流，流水不明白；它和照透水面的月光嬉戏，流水不明白；它游过大网，穿过贪婪手指的缝隙，流水不明白；它扭动身躯从大脚挤压的浑浊水流里冲出，有时候，它甚至吞下无人知晓的苦果，这些流水都不明白。多想化成一只青虾的外壳。那样，就可以包裹它的一切惊悚、欢悦。

　　但它那么决绝，连头都没有回，就迅速游走了。

　　一只青虾身体里藏着苍鹰的梦想，是一件多么绝望的事情！流水里涌起大浪，拍得岸边的岩石也心伤。但世界最终还是平静下来。流水知道，爱是迎接，不是送别。新的季节来临，流水边，山花灿烂，草木丰美，那是流水悄悄掩住了伤口，在为迎接某一天在世界深处出现的身影做准备。

彭博摄影

🦌 长臂虾科，沼虾属，沼虾。又叫河虾、青虾，是优质的淡水虾

力士之怒

老虎的强悍里透着狡黠，隐藏在眸子下面的威仪里埋着多变的心思，让人看不透。它的叫声震动山林，飞奔而起，带起一阵风。林子里其他动物心中的镜子一瞬间被撞碎了。

棕熊则是另一副样子，憨憨的，愣愣的，带着一股执拗的脾气，像岩石，又像树根。向威压低上一头，朝柔弱的小生命凶上一声。它贪吃嗜睡，搏击里带着玩兴，戏耍中带着无所谓，十足猛兽里的逍遥派。

但也有意外的时候。

有一天，棕熊发现了正在蚕食自己幼崽的老虎，这个绒毛团子一下子像怒火金刚一样燃烧起来，它身体直立，仰天嘶吼，全身的棕色毛发一下子炸了，它拍着胸脯，飞沙走石一般扑向发愣的老虎。

为尊严而战是可怕的，为爱而战更加可怕。直到最后，两个动物王国的超级大力士战死在碎石滩上的样子，好像还没有从怒火引发的惊诧当中苏醒过来。

熊科，熊属，棕熊。又叫灰熊，是陆地上体形最大食肉动物之一。身高可达 2.8 米

雁过野

此时，春花正如潮水一般开遍四野，花蕾在雾中握紧着人心，像在迎接饱满，又像在凝视失去。

去年深秋，也是在这个路口，蓝天裹着孤单的云影，一群大雁，发出悠扬深沉的长鸣，卷过云层，飞向地平线的中心。

生命穿过时间的悠悠森林时，在并不平静的飞翔里，透着一股不容侵犯的庄严和欢欣。

眼前，云层和草木的生机陡然而起。站在这个季节的山口，南归大雁正如它离去时一样飞过头顶。

秋时南去，春时北归，在这个路口，我们又一次相遇，仿佛是说好的，又仿佛是无意的。

雁形目，鸭科，雁亚科，大雁。出色的空中旅行家

蜜蚁传说

澳大利亚原住民的传统诗歌里有一首《蜜蚁人的情歌》，说的是一群患了失心疯的男子，被爱人抛弃，他们唱着歌求助自然神。于是出现了会说甜言蜜语的蜜蚁人，蜜蚁人的歌声能够解开女人心里的一切咒语。

传说中的蜜蚁人，就是能分泌蜜汁，又会说话的蚂蚁。

在澳大利亚的土地上，原本住在干燥的沙土深层的工蚁，会在自己的腹部贮藏体积超过身体几倍的蜜露。让自己变身为蜜蚁人，便使这蜜汁成了不老爱情的传说和隐喻。情歌的最后一句这样唱着："沉默和无味里没有爱的轨迹。"

🦌 蜜蚁，若干种不同蚁科昆虫的统称。某种工蚁，可以在腹部贮藏蜜露，让腹部膨胀到正常工蚁腹部的几倍大。又称为供蜜蚁

奉献

　　火车经过楚玛尔河畔时,一群藏羚羊轻灵、温驯的影子映入黎的眼帘。那毛色中的苍灰和高原融为一体,犹如神迹,唤起一个人心底隐秘的温存,那原本是酷寒之地的雪山女神的一种馈赠!

　　意外收到用藏羚羊绒织成的围巾时,黎把要签的一纸合约推掉,转身离开。如果人心仅止于感触的愉悦,黎或许还会感谢那一片细腻到使人惊呼的轻柔。但那几百克云絮一样的重量下面,黎倾听过几十万生命在屠刀下的呻吟,还能念出为维护一个物种的存续倒在血泊里的一个个人的名字。

　　看着窗外阳光下那些悠闲自在的藏羚羊,黎的眼睛有些湿润,说不清楚这点感触是因为那些活着的,还是为那些死去的藏羚羊而产生的。

牛科，藏羚属，藏羚羊。被称为"可可西里的骄傲"，濒临灭绝的物种

将飞起

　　吵过架，闷闷不乐的，两个人一起到动物园去散心。

　　在鸟的乐园里，两只朱鹮在眼前轻轻飞起，又轻轻落下。那么美丽的鸟儿，真的难以想象世上已经剩下不多的几只。

　　"多像你的长嘴。"

　　"也像你的！"两个人在两只鸟儿面前还不忘拌嘴，"看，那只羽毛美的，身子娇的，是你。你带着笑，撇着嘴。"

　　清清河湾里，一只鸟儿展开羽翼将飞时，另一只突然尖声叫起来。你突然把头转过来，问："你是哪一只？尖叫的那只还是要飞的那只？"一下子就变得眼泪汪汪的，心里响起一个声音："要一起落、一起飞啊！"

朱鹭科，朱鹮属，朱鹮。东亚特有物种。濒临灭绝

1872 年，欧洲动物学家亨利·米尔恩·爱德华兹在中国四川第一次发现了川金丝猴，他在考察日记中写道：

昨晚临睡前读到洛克安娜①，睡梦中，好像听到这个时光美人对着我发出"咦"的一声惊呼。

早晨，林子里很安静，眼前是一棵巨大枯老的榆树，在将要垂到地面的枝叶中间，无意中发现绿色里包裹着一个优雅的金红色背影，惊了我一跳，好像自己是在梦里。那朵同样受了惊吓的红云，一瞬间在阳光弥漫的山林里消失不见。几天后，终于见到了这朵红云的真面目。我敢确定，那是灵长目的一个新物种，它披着一身由阳光做成的金红色的美丽皮毛，脸上泛着勿忘我花向着桔梗花过渡的幽蓝色，在森林雾气里散发出淡淡的紫意，那对闪动在森林里的黑宝石不时朝着我看。虽然生性敏感怯懦，却像是能洞察出走近它的人心里的善意和恶念。它的目光里流露着一股单纯与忧伤（我被这种气质击中了，好几次强忍住了走过去拥抱它的冲动），那是唯有少女和诗人才配得上的上

① 洛克安娜，满头红发，貌美如花，据说是土耳其苏丹某个漂亮情妇的名字，她的迷人魅力包括一个朝天鼻。在国外，洛克安娜猴是金丝猴的一个别称。

帝馈赠给人间的礼物。

　　我追踪这个新物种将近半个月，完全被它迷住了。按上天指引我发现它的旨意，我把这种尊贵的由金红色丝线编织出来的物种命名为洛克安娜猴。

灵长目，猴科，仰鼻猴属，川金丝猴。中国特有物种

密旨

小时候，读起感动自己的神话故事书，往往会相信故事里的人和事都是真的。我读《柳毅传》，喜欢上的不只是小龙女，还有火暴脾气红胡子的钱塘君和会把柳毅诱到湖滨的猪婆龙。

后来我去过一些大地上的湖泊，经过了一条条性格不一的江河。站在水边上，看水急速流动，看浮草摇摆，那些小小的神话故事里种下的幻觉常会涌上心头，会觉得这水底的沉寂，波浪间的奔流，不经意间会带来惊心动魄和地动山摇。

有一次，很幸运地在扬子江边看到一只短吻扬子鳄，它静静地伏在水草里，仿佛被施了石化术，那双一动不动的浑浊的眼睛，让人觉得它心里可能怀着一份密旨，所以才如此固执地等待下去。

我不知道世界上正在发生着怎样的故事，但我相信，这世界比我眼前所见的要有趣得多。

眼前的扬子鳄一定和我这个闲散的旅人不一样。"去等，等那个人。"它是深知龙宫闺房里那份思念的忠实守卫，是它，接到指令后，让自己的所有手下悄悄守候在河流的一个个渡口上。

在河边行走的人，只觉人世奔忙，日月渺渺，并不知自己正被一双双勘察者的眼睛检视着。

我蹲下来，把手伸进凉凉的水里，扬子鳄受了惊，一下子钻入了深水。

多失望，它等的不是我。

短吻鳄科，短吻鳄属，扬子鳄。又叫猪婆龙、土龙，是中国特有的一种淡水鳄。唐代李朝威的《柳毅传》的故事里，在江边等待柳毅，接他去见小龙女的，就是猪婆龙。最终柳毅将小龙女的信带到龙宫，小龙女的叔叔钱塘君一怒救出被囚禁的小龙女

双龙汇

中国人骨子里藏着一股扭动在云霞日月中龙的无忌和彪悍，温婉柔和的恣意里，拥抱光明之珠的善念，仿佛天性一般，因此对着无常变幻的命运总是透着一股隐忍屈从的沉默。这沉默里，沉淀着已经洞察的生命之神秘，之艰难。

西方哲学里充满了对人性深深的质疑。宗教的殿堂里，人一出生便带着原罪，一具具沉重的肉身，跋涉在由人间通往天堂的路上。一路上，在每个阴暗的拐角，都有可能遇见扇动巨翅、口喷烈火与毒液的恶龙。恶龙是贪婪、嗜杀、淫邪的化身，它是人自身的镜像。对人性深深的质疑里，诞生了现代科学和艺术中遵循的如本能一般根深蒂固的理性。

有一次去故宫看画展，观南宋陈容的《墨龙图》。画中游龙，似乎要把龙鳞一摆，破开发黄的纸面。几个观画的西方客，被这画作扑面的生机震惊。其中一人，隔着玻璃，用手指隔空触碰龙爪，割天破地的龙爪让他一惊，好像透过纸面的锐锋会把他的手指刺出血来。

龙是中华文化主要的图腾和象征，在传说中是一种善变化、兴云雨、利万物的神异动物。与凤凰、麒麟、龟合称"四瑞兽"

一个名字

海中性情温和的哺乳动物儒艮有多个名字。

如果说"海牛"，你会爱吗？爱大海里唯一素食的僧侣？

如果说"海的女儿"，你会爱吗？爱那个用心上的血换回爱人的生命，最后化成浪花的海的精灵？

如果说"海马"，你会爱吗？爱那个浅海水草里迈着碎步的绅士，爱它安抚了海涛声里卷起的杀伐，爱它不会被你惊跑，而是缓缓游过来轻轻依偎在你身边？

如果说"美人鱼"，你会爱吗？爱它在黄昏的岩石上，像个骄傲的母亲，它那么安然地抱着孩子，望着世界，而你手持刀叉，却是去把它砍成一块块血肉的。

人啊，你会爱它的哪一个名字？

儒艮科，儒艮属，儒艮。仅一种。俗称美人鱼、海牛。中国古代曾将儒艮称为鲛人。现在在沿海地带基本绝迹

三位一体

从来没有单一的至善，因为它总是遭欺凌，被践踏，最后消失不见。

也从来没有玻璃一样透明的乐观，它那么脆，很容易折损，很容易破碎。

倒是对力量的追求，从来都不遗余力。拥有并掌握力量的奥义，一直以来，都是让人类颇为兴奋的一个待解之谜。

大自然中，力量的存在形式永远都无法说清。有人说，最强的力量在一个点的内核里，还有人说，最大的力量是爱在破碎中的浮起。关于力量的解释总是很多很多，但没有一种能够说明力量最终的形态。

大食蚁兽挥动粗壮的前爪，像切豆腐块一样把白蚁巢切开，然后开始津津有味地享用可口的美食。

美洲草原上的霸主美洲虎看到大食蚁兽，远远地绕着走开了。

阳光暖暖的，大食蚁兽有点儿无聊。

埃尔兹·西格创作《大力水手》时，也想到过大食蚁兽，在他看来，乐观、向善、巨力三位一体，正是人们憧憬中的一位父亲的美德。

贫齿目，食蚁兽科，大食蚁兽属，大食蚁兽

魔瞳

开屏的蓝孔雀，花翎颤抖，一种不自觉的取悦，冲毁了心跳的堤坝，刺穿了灵魂的边界。

世界显得那么不自然，时不时传来闷闷的叹息声。

取悦的对象藏在暗影里，对这种刻意的炫耀，厌恶之情比以前更深。它厌恶那片想要罩住自己的蓝云，厌恶那双肤浅妖异的眼睛的凝视，讨厌它们想要吞噬却又无能为力的样子。它讨厌自己一时难以摆脱那双魔瞳的凝视。

它以为自己不需要——原本就是不需要的啊！有个口是心非的声音在心里这么呼应。

但心上却传来一阵颤抖。

雉科，孔雀属，孔雀

假面

初见你时，觉得你像草木一样柔和。接触久了，才慢慢感觉到你的那身皮衣是那么强悍，如同中世纪披挂成铁甲兽的圣骑士，亲密无间地保护着你。

奇特的偶遇总是动人心弦。你在我眼里安静、灵秀、美丽。本以为这份初次相识而得的信任，能造就某种浑然天成的情谊。谁内心的北极圈里不是藏着要和一个永不落的太阳相遇的期盼与喜悦？我触及你的未知，如同你触及我的未知——那一刻，为什么彼此都会一怔？

是你首先发怵，还是我开始迟疑？你低垂的耳朵竖起，柔和的皮质变硬。当我抬手为你遮住一束光，你的眼里却温柔尽失，泛起一种警觉，眨眼间破开泥土，钻入地下，再也见不到踪迹。

我像失去了太阳的天空，独自面对空寂的大地。

我们都是天生的犰狳，我们都假意或真心地在世上活着。

🦌贫齿目，犰狳科，犰狳属，犰狳（qiú yú）。生性胆小，是打洞的高手

胡作非为

　　树林被狒狒们吵得沸腾起来，狂躁的气血里混杂着一阵阵翻涌的热浪。刚刚用石头驱赶走一群野牛，鼓动了这群森林狂躁症患者身上的匪气。它们把一只野兔的残躯在山道上分而食之，抢夺中，血腥的碎末弄得树干上、岩石上到处都是。

　　一路上狂风扫落叶一般横冲直撞，竟然对着夕阳下一只独自进食的孤狮龇牙嘶吼。势单力薄的狮子终于难以招架狒狒头儿的骚扰，它感觉到了某种不安，从石头上站起来，用嘴叼起食物，看着地上无法带走的大块的肉，心有不安，无可奈何中，一路小跑，转身离去。

　　狒狒们一哄而上，吼声震天，开始庆祝胜利。

灵长目，猴科，狒狒属，狒狒。是身长仅次于猩猩的大型猴类

越过你

记不清这是爷孙俩第几次来动物园看长颈鹿了。隔着栅栏，亚米粗短迟钝的手指划过虚空，指向长颈鹿头顶那道波浪形的弧线："长——长——长——"

趴在爷爷背上的亚米意气风发。尽力驮着孙儿的爷爷，看着这个患了唐氏综合征的五岁孩子快乐的样子，心里也温暖起来。

"长"这个从亚米嘴里发出来的并不平坦的音，是亚米见到长颈鹿时自然而然地发出来的，他喜欢用"长"，就如同他发自内心地爱长颈鹿一样。

看起来要把天顶得凸出去一块的长颈鹿，像是用什么法术唤醒了亚米感受快乐的神经。爷爷觉得，孙儿每一次看长颈鹿，好像整个人都在发出一种听不到的声音——让我越过你，越过你，越过你……

偶蹄目，长颈鹿科，长颈鹿属，长颈鹿。是世界上现存最高的陆生动物

你要往哪里去

长臂猿在树顶上飞跃。

你的手里一定握着什么，与心中的牵挂告别的仪式完成后，白眉舒展，似笑非笑。这森林里的风涛声中，真的有你想要的东西吗？

无声中跃动，脚下藤条弹起，某种心底的庄严和头顶的日月星辰对应得那么准确。

每次启程，都扬着帆。

世界的光，伴随这股一往无前在朝着你弓身施礼，绿叶树丛成为你要跃入的虚空。身体一弓一屈里弹出的美妙韵律，是不是跳动在你心头的火焰？

有股无形的力量席卷了你。跃起的那一刻，世界多安静，好像某个神秘的空间在悄悄为你开启。

灵长目，长臂猿科，长臂猿属，长臂猿。小型猿类

给孩子的神奇动物园

187

灭绝

　　摆满恐鸟篮球般的巨蛋的澳大利亚岛屿曾经是这种巨鸟繁衍生息的天堂。一只两人高、半吨重的恐鸟，骄傲地仰着头巡视自己的领地时，一定如天神一般。

　　一个物种进化到巅峰，是不是就会失去警惕？

　　某天，有种双足直立的未知动物爬上不设防的岛屿，用假惺惺的亲近遮掩住锋利的箭矛。恐鸟任由这种面目和善的动物骑到自己身上，带着在它们看来很弱小的生灵巡视岛屿的各个角落。

　　失去了一切秘密的恐鸟，进入了交织着悔恨和绝望的血腥岁月。它们迎来了一双双魔鬼一样的手的蹂躏。疯狂地杀戮，从早到晚，从没有停息。金钱、贸易的绞肉机又在后面不断推波助澜。

　　从容不迫地进化了亿万年的恐鸟，便灭绝在这种叫作"人"的动物手里。

🦌 恐鸟科，恐鸟。平均身高约 3 米。虽然恐鸟的繁殖能力低下，但人类的杀戮是恐鸟灭绝的主要原因

泡温泉

滑入温泉时，心跳得像滚落的山核桃。

温泉里的猕猴，东一只，西一只，像醉仙翁，头顶积雪，闭着眼优哉游哉的。触水即融的雪花，像魂归故里一样落着。弥漫在水面上的雾气，在猕猴身旁聚拢起来，形成一个个时间的壁龛。脚指头触到水底浑圆的卵石。地层涌动的细流触及神经时，全身一阵战栗。之后，一股深沉的困倦由骨髓转移到意识里。那股绵厚纯和的暖意一碰到梦的边界，又瞬间俏皮地闪回眼睑，让猕猴睁开半闭的眼睛。

眼前的猕猴，仿佛一只只从轮回世界的羁绊里走出来的空灵兽，和雪影、雾洞、泉流相融又相离。

我重新闭上眼，冰碴儿一样的内心是需要此刻的宁静和暖意来抚慰的。感到有毛茸茸的手指，拂过肩，伸到头发里，手指轻轻翻动着万千烦恼丝，似乎要把每一根纷乱的源头梳理到宁静的忘乡里去。

猴科，猕猴属，猕猴。猕猴是自然界中最常见的一种猴子

绝学

竹节虫从一本书的缝隙里爬出来，向我讲述它隐身遁世的绝学：

风呼呼，雨哗哗，雷鸣电闪噼嚓嚓。无所谓，不怕，不怕。

怕的是匆匆忙忙赶路，左顾右盼慌张，乱鼓捶胸心跳，把心里的自己全忘掉。

光从哪里照过来，没有觉察。湿气把草木染成什么颜色，不曾看到。冷暖变化挤压着世界，咱不去凑那个热闹。

紧紧抱住一根小竹节，和天地万物同呼吸。管它洪水滔天，猛兽狂啸，惊不到你，看不到你，它也就没办法，冲进你的世界里。

呀，好难。这么笃定。你是怎么做到的？

它开始扭捏，好像憋在心里的话已经说尽，爬入书页前，它匆匆在纸面上写了一个"静"字。

昆虫纲，竹节虫科，竹节虫。拥有极佳的拟态

以爱之名

在绿色的地平线上，看到寻觅的爱人傲气十足的身形，一股热流穿过雄螳螂的触须，它的身子剧烈地动起来。雌螳螂轻举着前臂，修长的双臂在地上的投影，宛如祈祷的少女。两个爱的寻觅者抬起各自的战刀，向这场酷烈的爱的战争致敬。

雄螳螂像火一样扑过来，雌螳螂一个后撤步，战刀一拦，那勇猛的动作里隐隐透着心痛。瞬息的温存，然后是全身心的奉献。

雌螳螂在疲惫和饥饿中感到迷乱，但为了腹中的孩子，它用嘴撕开得来全不费功夫的点心。

以爱之名，追寻爱。以爱之名，吞噬爱。

人有时候也会做同样的傻事。

彭博摄影

🦌 螳螂科，螳螂属。世界已知 2000 种左右。古希腊人将螳螂视为先知

接力

　　太阳烘烤着大地，世界像在下一场火。屎壳郎沿着斜坡，翘起后腿，动作娴熟地推着圆圆的粪球。好多次，推到半坡，粪球飞快地滚落。屎壳郎毫不犹豫，立刻从半坡上跑下来，翘起有力的后腿，重新推动自己的口粮。它很专注，对于生来如此的命运，毫无抱怨之情。

　　希腊神话里的西西弗斯[①]也是如此推着一块巨石上山的。他的手指关节上磨起了一层层厚茧，敦厚的脚掌踩在碎石和泥沙里，全身肌肉绷得像生铁，眼神里笼罩着固执的自信和对诸神的蔑视。和屎壳郎的沉默一样，西西弗斯充满悲苦的专注里，不仅要对抗疲惫和艰辛中世人的疑惑和嘲弄，在钢铁般的身躯上，铁一般的意志还透出一副生命大舞台上当家小生的硬朗做派，他像神灵一样，有着一种不可一世的个性。他那么清楚自己肩负的责任。荒诞来自诸神对人类命运的嘲讽，唯独多谋善智的西西弗斯并不相信。推动巨石上山的西西弗斯被看作是在接受一种比死还要残酷的惩罚。只有西西弗斯自己相信，他永恒不屈的推动不只为了自己的解脱，更是在打破时间和权力加在人心上盲从盲信的桎梏。

　　① 西西弗斯，希腊神话里，他是人间最足智多谋的人。因为戏弄诸神，被诸神惩罚推一块巨石上山。巨石太重，每次快到山顶，都会滚落。西西弗斯要不断重复、永无止境地去推动巨石上山。

这场马拉松式的接力，是一个旷日持久、看不到终点的赛程。

之后的赛程上，出现了一个叫作加缪①的接棒人，他在西西弗斯身上看到了一点儿真相，对人类精神世界的探险让他变得更加专注于注解生命的迷局。他重新推动那块被赋予人类命运的巨石，摆出审视者和解脱者才有的姿态。他给整个现代生活光鲜明亮、变化纷繁的参天大厦投下了一道长长的足以引起警惕的黑影，黑影上闪光的锋芒，如细剑穿透芳心。

加缪身后还有无数忙碌的屎壳郎，屎壳郎身后还会出现一个惊人的号召力十足的西西弗斯，西西弗斯身后还会出现一个又一个骁勇多智、此心不死的接力者。

蜣螂（qiāng láng）科，蜣螂属，蜣螂，俗称屎壳郎，推粪虫。有自然清道夫的美称

① 加缪（1913—1960），法国小说家、哲学家，1957年获得诺贝尔文学奖。

火炉

"像土猴一样！"

那是最初开始做某件事。笨拙，慌乱，词不达意，不止一次被这样骂，感受到的不只是一种人格上的羞辱。

穿过那个漫长的生命黑洞时，看不清意识苏醒的光埋在何处，不知性灵在哪里才能被滋润，从倔脾气里诞生的创造力瑟瑟发抖，不知归处。

一切备受摧残，都像命运的黑手，足以让努力的跋涉止步。

沉寂中深潜，迷雾中穿越。看不到尽头的路上，落下一行行暂时不能被赋予意义的脚印。

等到一朝挣开了锁链，以自由身回归天地间。曾经的土猴，最怀念的不是已得的光鲜和喧哗。那些艰难岁月，带着土猴之名的羞辱，镶入心的熔岩和骤冷世界的缝隙中，有凝聚之物闪出钻石一般的光，照进枯冷的心里。

正是阴影毫无保留地逼出了隐藏的光，照亮了一条隐秘的命运之路。

旧时脚印最恰当的注解就隐藏在这些光照亮的窄道上，它守护并赐予燃烧的生命以宁静，它是生命真正值得铭记的火炉。

🦌直翅目，蝼蛄科，蝼蛄属，蝼蛄。俗名土狗子、土猴、拉拉蛄。农作物害虫

进化树

蟑螂扁扁的身体看上去脆弱不堪，生命力却强韧得像是不死的，那油腻棕红的壳，为抗拒病菌侵蚀而生，是自然赋予它的一件秘密武器。在干燥清洁的人类聚居区里，它有时惶恐，有时惬意，生活在一根根阴湿管道的接口或者末端。

辈辈相传的关于故乡的描述里，雾笼罩着大地，巨型植物密布的森林，树上常掉下多汁的断茎。在那个铺天盖地的腐烂世界里，总是有吃不完的美味。它怀念那个失去的故乡，但在梦里，它又梦到自己被"人"这种动物驱赶，周围翻天覆地，一闻就会致命的毒液在流动着。

看着一块蟑螂翅膀的化石，说明书上说，四亿年前古生代的志留纪，蟑螂就已经存在。后经泥盆纪到三亿年前的石炭纪，陆栖植物最繁盛的那个世纪，蟑螂就已经确定了和今天的蟑螂类似的生活方式与身体结构。

跨越几亿年的时光，蟑螂一直保持着稳定的生活方式、稳定的身体结构。想想人类的进化，从在树上嬉戏的灵长目，到现在自己的样子，才不过短短几百万年，有多少进化、退化、膨胀、萎缩在我身上隐藏的基因里发生过。

我和蟑螂好像生活在不同次元的空间里，生活在不同频率的时间里。

　　此刻，我在朝着我的进化树进发，蟑螂在朝着它的进化树进发。我们相交而过的时间，看似长路漫漫，其实比流星划过天空还要短暂。

🦌 泛指蜚蠊目蜚蠊科的昆虫。俗名小强

一生

夕阳交织在蓝色雾气里，太阳之光和寂静山岳在时间河流的升腾里游弋，感受到这些，我们的心跳会不会和这个世界的变化同步？

蜉蝣之舞在暮光折叠的暗道里演绎，那种飞腾，追逐，流星雨一般，凝聚着亘古不曾变过的生殖、进化、生死的秩序。

万物掬在手心里的光，一时撕碎，一时重组。光中的蜉蝣，就像经历漫漫长夜的灵魂，挣扎，坠落，被水面吞噬之前，蜉蝣的生命像是进入了一种新的节奏。死的哭泣永驻在生的微笑里。

落霞里有歌声响起，是先人早已知晓的关于蜉蝣的秘密：

> 蜉蝣之羽，衣裳楚楚。心之忧矣，于我归处。
> 蜉蝣之翼，采采衣服。心之忧矣，于我归息。
> 蜉蝣掘阅，麻衣如雪。心之忧矣，于我归说。[1]

---

[1] 蜉蝣之歌，摘自《诗经·曹风·蜉蝣》。

张相茹摄影

 蜉蝣科，蜉蝣，俗名"一夜老"，是最原始的有翅昆虫

那是一节专门讲述昆虫的自然课。

"看这个蜻蜓的标本，在 6500 万年前，地球进入新生代的时候蜻蜓是这个样子，一直到今天，它还是这个样子。"老师的话在学生中引起一阵嘈杂。

"昆虫身体里有一整套适应温湿度剧烈变化的调节系统。而温湿度的巨大变化却能轻易导致人类死亡。"

"人类好脆弱。"一个学生轻声说。

"昆虫的进化核心是拥有了翅膀。有足能跑，有翅能飞，昆虫同时拥有了天空和大地。它们的身体结构，不是为了支撑，也不是为了承担，所有的进化都发生在适应性这个方向上。"

"老师，人类能这么进化吗？"有个学生问。

"我可不想这么进化，几千万年，一点儿不变，一点儿意思都没有。"有一个学生在抗议。

"这是昆虫的适应性，是生命进化的一个阶段，也是我们人类保护自身的一个参考。人类要向这些昆虫进化大师学习这种适应性。"

"老师，我抓过蝴蝶，它的适应性好差，翅膀一碰就碎了。"

老师对这个问题有些无奈："昆虫用巨大的繁殖能力来应对这样的变化。"

"老师,你说昆虫会不会像我们人类一样,用只有它们能听懂的语言,相互对话?"

　　这个问题提得好极了,老师正好可以给学生们讲述昆虫独特的社会性。

张相茹摄影

🦌 蜻蜓目是节肢动物门昆虫纲的一目,半变态,又分为三个亚目。其中均翅亚目,色常艳丽,统称"螅",俗称"豆娘",前后翅的形状和脉序相似。间翅亚目,特征介于均翅亚目与差翅亚目之间,只有一科,为螅蜓科。差翅亚目,俗称蜻蜓,后翅基部比前翅基部稍大,翅脉也稍有不同。图片为均翅亚目色螅科的一种

时间的蚂蚁

为了讲述动物的行为心理，幻灯片换成了一张群蚁攻击一只金龟子的照片。老师开始自由发挥，讲起那套动物发生学的理论。

"蚂蚁群攻击一只装备得像城堡一样的金龟子，这种事情极少发生。这只试图穿越蚁群的金龟子可能阻挡了蚂蚁们运输食物的通道，也可能抢食了蚂蚁们正在搬运的粮食。蚂蚁是非常敏感的昆虫，蚂蚁群感受到威胁，往往会发生可怕的事情。很显然，蚂蚁发动了猛烈的攻击，结果非常惨烈。看看金龟子腿上的这些蚂蚁头，这些咬住金龟子不松口的钳子，我们可以想象最终被抬到蚂蚁巢穴门口的金龟子的命运。"

老师突然停下来，她咚咚咚敲着讲台。有两个趴在桌子上睡觉的学生把头抬起来，神色迷离，看到气势汹汹的老师正望着他们："你们，就是你们，这只最后死翘翘的金龟子就是你们。时间的蚂蚁会把你们抬到失败者的阵营里。"

学生被一本正经的老师骂得有点儿发蒙，他们看着幻灯片上的金龟子，不知道泛着铜绿色金属光泽的金龟子惹着谁了，自己又惹着谁了。

彭博摄影

🐾 膜翅目，蚁科，蚂蚁。全世界有上万种蚂蚁。蚂蚁是完全社会性的昆虫，幼虫和蚁后无法独立生活，由工蚁喂养。蚂蚁还有一个俗名——大力士，它们能搬起比自身重量重几百倍的物体

🐾 鞘翅目，金龟子科，金龟子

陷阱

离群的小蚂蚁孤独地走在滚烫的沙地上，风刚刚把世界刮得摇摆起来，现在静下来了。回家的念头和寂静的世界挤压在心里。

听说这块盐碱地的土崖是蚁狮频繁出没的地带。蚁狮长什么样？小蚂蚁听说过，但没见过。据蚂蚁博物馆收藏的典籍里讲，蚁狮是蚁蛉的幼虫，关于蚁狮早期的生物学描述，是史上伟大的昆虫学家奥古斯特·约翰·罗塞尔·冯·罗森霍夫做出的。

蚁狮通常在干燥的碱质沙土中挖掘漏斗形的陷阱，然后藏在底部等待粗心的猎物毫无戒备地走过来……小蚂蚁迅速跑过松软的土层，边跑边胡思乱想。身子下面的细沙突然下陷，一张毛茸茸的嘴和一对大钳子出现在眼前，小蚂蚁感到热乎乎的风卷过两条后腿，有股力量正要把它拖入沉沉的黑暗里。

不知道哪里来的勇气，小蚂蚁死命挣扎，它终于看到了一堆肉山，无数爪子在空中乱舞。它挣脱开那种撕扯后，开始飞奔，尘土疯狂地在四周滚动，砸向它的触须、头颅和身子。逃出陷阱的那一刻，小蚂蚁清晰地看到又蠢又笨的蚁狮无力地朝着自己爬过来，它把蚁狮的样子印在了脑海里。

脉翅目，蚁蛉科，幼虫和成虫都为肉食性，幼虫为蚁狮，俗称沙猴。幼虫生活在干燥的沙质土层下，做成漏斗状陷阱诱捕猎物

网

雨水的冲洗，让圆鼓鼓的身体上一道道鲜亮的颜色看上去更加鲜艳。

"哎呀，美得像新娘一样！"

真的有那么美。但不能被外貌欺骗了。

淅淅沥沥的雨丝考验着络新妇蛛结在支撑隔板直角上残破的网，一股一股滑过蛛丝的雨水又把一根蛛丝绷断了，断裂的丝线让整个蛛网更显松弛。那根脆弱的蛛丝几天前还粘住过一只气步甲。

络新妇蛛匆匆忙忙地用新丝补上那个破洞。阳光照透世界时，坚韧、细密的大网又要在风里弹起。当蛛网开始振动，被一种无休无止的喜悦驱赶着，奔向颤动之处的络新妇蛛，已经成了一个灵巧机敏的战士。

张相茹摄影

园蛛科，络新妇属，络新妇蛛，俗名蜘蛛女郎、金丝蛛。体形巨大，雌蛛结网直径可达一米。澳大利亚有络新妇蛛捕食鸽子的记录。日本传说中，络新妇蛛会变成诱惑男子的妖怪，怕火

幽默

　　瓶中取水的乌鸦迎来人的赞赏，人检测一只鸟儿的智力，私下里沾沾自喜，智商、情怀、幽默，在自然界里我们都超然胜过其他物种。

　　乌鸦研究专家、美国人劳伦斯·基尔汉在《乌鸦》一书里记载了他和乌鸦的偶遇。

　　有一次射击一只乌鸦，乌鸦只掉了一根黑色羽毛，飞走了。他低头装弹，甚是懊恼，没想到那只逃走的乌鸦又飞回来，飞过他的头顶，将它吃剩的蔓越莓的紫红色残渣丢在他的帽子上。

　　他不无幽默地记录道："这个土地和黑夜的精灵，人们总以为它通晓生死，是个披着法袍的巫师，没想到捉弄起人来，也这般有趣。"

　　我们会不经意间高估自己的智力。但遇上这样的乌鸦，当它从智力上挤对我们一下、两下……我们会不会懊恼？

雀形目，鸦科，乌鸦。俗称老鸹

活玩具

伙伴用手揪着天牛的长须，无力反抗的天牛的大钳子徒劳地把空气切来切去。真是令人眼馋的活玩具。

回到家，便向父亲苦苦央求："帮我抓一只天牛好不好？帮我抓一只天牛！"

天牛并不善飞，它在白杨树上钻洞，倔脾气是咬着什么东西死不松口。就像愤怒或狂躁的人紧紧抓住心中的执念不放一样。长长的黑白交替的竹节触须，带着由美自然生成的仪式感，肆意向着身后划动，就像古代战场上的武将，面对敌人，把战袍抖得哗哗响。六只脚铆足了劲，用力把住根基，样子虽稳，更让人觉得憨态可笑。

"帮我抓一只天牛！"希望有这么一只天牛做宠物的愿望那么强烈，父母却担心天牛的那双大钳子会把孩子的手指夹出血来。

彭博摄影

🦌 鞘翅目，天牛科昆虫，总称天牛。咀嚼式口器，触角常常超过身体的长度。危害很多木本植物

酒杯

一路追随到生命宁静的深处，走近一道清凉的水渠，把鞋和袜子脱掉，把一双赤脚伸到缓缓流淌的水中，搅起气泡，随后气泡又破碎。那股从脚心透出的清凉，不只惬意，随之升起的还有一份自由。那自由是全然去掉伪饰后的你想要的。脚底触碰，水流闪烁，彻骨的凉意涌至神经末梢。仿佛听到有个绷得紧紧的瓶塞子，在心里砰的一声弹出。缓缓的流水把整个夏天酿在了一个透明的杯子里。

但是，且慢，水中那些黑黑的逗点，好像是终于察觉了，那双搅起波浪的天足是一双毫无恶意的天足，大概是一个接着一个的好奇涌出来，那些小黑点摇摆着，争先恐后地亲近软软的脚面。小小蝌蚪们的夏天，是从哪里流淌过来的？它们是不是和这蓝天流云一样，此刻，正化成饮着美酒的天地间的一种颜色？

时间的酒杯，撞击在柔软的心坎上，心中有个坚硬的世界，从围追堵截的生活暗角，一瞬间被撞碎，撞出无数欢声笑语。

草木花影乱纷纷的……

此刻，谁在倾倒？谁在斟满，谁在一饮而尽？

蛙、蟾蜍、蝾螈、鲵等两栖类动物的幼体。又称蛤蟆蛋蛋

画中魃

（一）

旧时乡村里的人谈起鬼来，就像说起自己的亲朋好友。

穿过一片墓地，回来病倒了，就说是染了鬼的毒，三魂七魄里有一魂二魄被恶鬼扣下了。

驱鬼的法子因时因地而不同。居住在森林边上的山民遇到鬼压身的事，会请阴阳先生画一幅类似山魃的捉鬼恶兽，在病人床前一边念着咒语，一边朝画上喷雄黄药酒。咒语念完，行过法事，把画烧掉，人们相信，追身的鬼魂，心中的怨灵，都会因此魂飞魄散。

山魃一样的恶兽，绿毛森森，长一副狰狞鬼面，大嘴獠牙，眼眸忧愤不息，人们相信，一直以来，食鬼都是山魃不坠的志业。

---

① 社会学的田野调查和民俗调查中，实录了很多奇闻逸事。本文中的故事就来自西南民俗调查的笔记。

灵长目，猴科，山魈属，山魈。俗称鬼狒狒。是世界上最大的猴子种类

踩在脚下

　　身心坠入谷底，进退失据之间，惴惴不安的神色里，涌出胸口的愤懑叹息就像一片肃杀的秋色。一个失败者的自画像莫过于此。

　　在电视里，看到一群奔跑的鸵鸟，奔跑的鸟儿追逐着永不停息的时光，爪子踩在沙砾中，溅起阵阵烟尘。偶有转弯，身体曲成弓形，黑眼珠呼应着双腿。飞快的脚步把一座座心中损毁坍塌的废墟甩向身后。

　　鸵鸟那双天赐的健足把包围着一个失败者的硬壳踩得粉碎，碎末里，一切往昔都好像重新来过。

🦌 鸵鸟科,鸵鸟属,鸵鸟。是世界上目前存活的最大的鸟,高可达3米。不会飞翔,
但跑得极快, 平均时速能达到80千米/小时

设计图

　　一只黄胸织布鸟在树梢上停了好久，一动不动，只是偶尔转一下头。这只原本娇媚自得的鸟儿，现在却没有一丝桀骜，更谈不上喧哗，胸前原本动人的鹅黄色绒毛也显得暗淡不堪。它安安静静地，超脱了自己原本敏感好动的性情，此刻，身上似乎披着一件落寂与愁容织成的纱衣。

　　它在枝头等得那么凝重，让人想到冥想，想到孤寂。这个鸟中的建筑大师，正在构思一个新巢的设计图吗？呕心沥血的关于巢穴的构思里没有爱的灵魂入住，便只能在心里不断地修改、升华。

　　把自己锁在时光的枝头，你是在等待一个确定的答案，还是准备着去勾勒一幅新的设计图的底稿？

🦌 文鸟科，织布鸟属，黄胸织布鸟

遗书

在一部巫书的记录里，看到一封以非洲鬣狗的口吻写给自己孩子的遗书，好像那个凶狠狡诈的草原悍匪通灵了一般：

孩子，我给你写的这些仅仅是一个父亲的经历，不管你将来是否会重走我的路，这些对你都是参考。

我在这个世界上没有害怕过任何东西。一生下地，眼睛还没睁开，就吃到了第一口斑马肉，咬碎了第一块鹿腿骨。母狮猎取的野牛，我带着大家争抢，兽中之王也会胆寒。和豺狼争食，我们多数时候是胜利者。只是驱赶猎豹，让我受了不小的伤。

统领鬣狗群这么多年，却在受到致命伤的那一刻，发现了让自己害怕的东西：我竟然害怕你还天真烂漫，害怕你无依无靠，害怕风吹草动背后的阴影，害怕气流低旋突然暗下来的天空。你生命的屋顶，在我倒下之后，将会无依无靠。孩子，我因自己将死的绝望害怕这些，我害怕这些阴影对你的突袭，而我却再也不能守在你的身边。

大地上，生死是简单事，爱则不然，没有爱，我们就没有资格分享自然的馈赠。孩子，懂得去爱，永远不要丧失勇气——我的遗愿你将来一定会懂。爱是一条大河，不懂得这一点，你将无法成为一个真正的王者。

你将来一定会比我更彪悍，鬣狗的凶残和贪婪，注定了一个强者必须是嗜杀中的胜利者。如果到了那一天，你开始追逐鬣狗群的王座，我希望你从我这里继承的不只是杀戮。

我猜这是某个部落的国王写给自己孩子的隐秘书信。如果真是一只传奇的鬣狗之王写的，你也不要奇怪。

鬣狗科，鬣狗。主要分布在非洲，性情凶悍狡诈，常常成群捕食，和猎豹争食，成群的鬣狗常常和狮群直接争食

贪婪

　　该潜入多深的海域，要离开熟悉的永生之地多远，在阴冷和漆黑中，才会看到生命的另一面？

　　在小河上泛舟，看花开四野。那样的时刻尽可以想象生命的奇妙，却难以觉察人性的多面。

　　看到贪婪的面目，真实不欺，活生生朝我一瞥。那面目来自一部讲述深海生物的纪录片。人是阳光下生命秩序的一环，这种认同已经是我们思维的一个惯性。很难想象，就在离我们并不遥远的地方，生命秩序其实还有很多种样子。

　　潜水器在不断下潜，下潜。镜头的灯光里闪过一条蝰鱼，即使遥不可及，依然很难把猛然出现在镜头里的蝰鱼看作真实的。那种狰狞的面目，尖锐突出的獠牙，贪婪捕杀的方式，都溢出了日常想象的边界，看得让人周身发冷，不只感觉到威胁，还感觉到不安。

　　夜晚，梦把我的意识拉进一场冒险。那么清晰，独独梦到朝着我直直游过来一条蝰鱼。它的大头颅，它的细长尾，它冒出嘴里超乎寻常的巨齿锋芒，它眼里贪婪的冷光。要承受那种迎接一条蝰鱼挑战的刺激，就要呼喊。它却穿越我，无视我。一种难言的恐惧，带出呕吐的感觉，让我抗拒它在我的梦里游弋，试图毁灭它时，它竟然分裂成两条、三条……它嘲笑我的恐惧，它冷冷看着装腔作势的我，它在毫不留情地吞噬、毁灭着我钟爱的一切。

"那是贪婪的面目吗？"惊醒过来，满头大汗。梦魇好像还在。我坐在床上。脑海里浮现出这样一句话。

用手摸一摸胸口，摸到了心跳，扑通扑通，比平日跳得更为剧烈。

这心跳声复杂又陌生，和平日那么不同。一个人比想象中的自己要复杂得多，在一个人的身体深处，在潜意识里，还埋藏着很多未知的东西。

🦌巨口鱼科，蝰鱼属，蝰鱼。一种深海发光鱼类，是海洋深处凶猛的捕食者

水母与梅园

怎么会想到世界上有这么一幅画？它是真实存在的，还是虚幻的？

这幅画是在海边生活时无形中勾勒出来的。每一天，手边巨幅的画卷，从黎明到深夜，光明与黑夜打开又收起各自的画轴。我无数次走进、走出这样的画，让自己变为游动在画面上的幽魂，又让自己变为观赏光影与色彩交战的原子。心中的那个梅园在动，把自己隐入生灵的母穴，又让自己骑在水流动的笔尖上。

那幅画的构成似乎只能是这样：

　　海洋辽阔，水波用阳光金色的丝线织出幽深下陷的你我它。古往今来物种的游离生灭，都是光影之乱耐不住寂寞催生出的孩子。从深海探向水天分界线的海底山峰上，悄然升起一群群女神般的银光水母。几乎是一瞬间，蓝色仲夏夜倒映于大海中。水母的光华，绽开成一棵棵白梅盛开的树，树下，有浅浅语言，诉说着水波里收藏的心跳、手指和眼波。

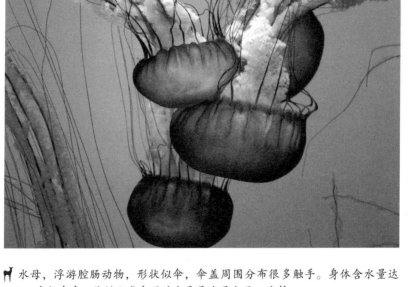

🦌 水母，浮游腔肠动物，形状似伞，伞盖周围分布很多触手。身体含水量达95%。多数有毒，能供人类食用的主要是海月水母、海蜇

末世

　　科莫多巨蜥站在突兀的礁石上。巨浪从远处巨崖下翻腾而起，轰然跌落，浪花的每一次努力都想要卷走巨蜥拖曳在沙地上长长的影子。火红的晚霞包围着这只孤僻凶悍的生灵。

　　科莫多巨蜥看到了划过天空的火箭把头顶的深蓝拉开一道道白色的口子。铁鸟从天而降，肚子张开，从中走出密密麻麻的蚁虫一样的黑影。大地被铁爪翻起掀开，一种让它不安的力量试图强行中断自然的秩序。森林在呻吟中被齐刷刷地剪裁，森林的宠儿们夜夜在枝头哭泣。

　　进入黄昏的接口上，这只科莫多巨蜥看上去如此寂寥。世间万物都在朝着时间深处凝望。毁灭与孕育齐头并进。有无法抑制的步伐，让每一个物种都感觉到深陷于一种动荡不安的孤独里。

🐾 巨蜥科，巨蜥属，科莫多巨蜥。又叫科莫多龙，现存最大的蜥蜴。基本集结在印度尼西亚小巽（xùn）他群岛

幻灵师

马达加斯加岛上的狐猴有去山间找马陆的习惯，马陆喷出的液体能让人失明，也是一种特别的迷幻剂。身上粘着马陆分泌物的狐猴，会进入亢奋的状态，去体验生命的另一种可能。

这种拇指粗细的千足虫，好像有在植物的细根嫩叶上收集那些稀奇古怪的梦幻的癖好。草木枯荣，鸟鸣兽嘶，滋养着它。狐猴抓住马陆摇晃，好像是在讨价还价。愤愤不安的马陆，最终为了活下去，不得不妥协，把所有的迷药都吐出来，才能在利爪下逃生。狐猴急不可耐把毒液涂到眼睑上，额头上，嘴唇上，胳膊上，后背上。

躲到一旁的马陆，蜷成一盘，冷眼看着逐渐发疯的狐猴，在乱石岗上，和心中的幻影相拥而舞，和空灵兽搏命厮杀，一时如痴如醉，一时相逢而喜，一时别离哭泣。那只狐猴体内，像是有四五只猴子的灵魂。

每一个生命都是贪心的，经历一重生死觉得不够，还想着再经历一重。

🦌 节肢动物门，多足亚门，圆马陆科，马陆

伤

　　花儿开了又谢，谢了又开，把一个永远无法交付出去的时光圆环萦绕在树梢间。水滴打湿枝头，又被风吹干。日子的印记像刀刻的一样深，不小心留下了一个又一个小小的伤痕。日日相依，厌了。"一直这么待着，好烦，让我们来玩一个分别的游戏！"

　　青春以繁花盛开，开到结晶出泪，开到相互披上华衣，察觉到一份惊奇，那么亲近，原来也是如此陌生，一瞬间感觉似乎从未相识过，才察觉，一个人悲从中来地成熟了。

　　某天，开始在布上绣一对停在雨中枝头上的银耳相思鸟，绣着绣着，不知哪里来的泪花，打湿了针尖下五彩的丝线。

雀形目，画眉科，相思鸟属，银耳相思鸟

张相茹摄影

变色龙

随形而变，是生命最本色的智慧。它解释了新旧相继的四时运作，解释了枯荣幻灭之间自然和人心呼吸不止的缘由。

为了新生，必然要经历狂喜和忍耐。朝着目标缓缓爬行，那份用心专一，如同一份厚重坚实的理性在时间大道上走去。

坚守孤岛，精神之眼通达于世界；行走江湖，把万象收摄于心间。自然法则对肉体的撕裂和人性深渊之无法挣脱，反而成就了你。

为应对光影和时间的刺激，把身子和世界的五彩相统一。进化的艰难和生死的艰难，都化为安静。

🦌 避役科，避役属，避役。俗称变色龙，产于东半球，主要为树栖

窗台上的金翅雀

窗外榆树上，不知何时飞来两只金翅雀，停在枝头唱歌，和我做了邻居。

夜间冷雨，白天起了大风。有好几天见不到那对金丝雀，倒有些想念它们。

你们飞到哪里去了？

风和日丽，两只鸟儿又站在枝头歌唱。

低头写作，偶尔抬头，看它们在枝头相亲相爱。让人安心，又感到嫉妒。

有一天，在院子里发现一只死去的金翅雀，捡起时，鸟儿的身体还有余温。把它放到窗台上。那一天里，好几次，听到另一只金翅雀绕着院子尖厉地鸣叫，声音凄切得要把阳光和绿叶都切割下来。那声音能把人的心揉碎。

🦌 雀科，金翅雀属，金翅雀

对话

听到一只琴鸟鸣叫，引发了康德①的深思。他在笔记里写道：

> 这些生灵的语言，不只美妙，更是崇高。是能够飞翔、懂得天空的精灵有异于我们人类的另一种知性。在自然界的形态和声响构成的张力中，一定存在着某种强有力的事物：它们粗野、无序，莽撞得令人震惊，能够带我们到达一个远离人类艺术的地方，不留给我们任何改进的余地。

琴鸟的鸣叫声锐利如出膛的子弹，直击人类的妄自尊大。人类要达到怎样的深知和爱，才能把自己融入和一只琴鸟的对话里？

---

① 康德（1724—1804），德国著名哲学家，德国古典哲学创始人。

🦌 雀形目，琴鸟科，琴鸟属，琴鸟。是雀形目中体形最大的鸟。澳大利亚国鸟

菊石来信

目不转睛地盯着菊石看，一股眩晕感钻入眉心。

把一封信的内容刻到菊石的螺纹上，耗费了你多少精力？花掉了你多少时间？

在生命初具演化雏形的阶段，菊石的螺纹同样是一种世代交替的记录模板。网络时代瞬息传递的信息一定使你生厌了，让你心思巧变，把心里的文字刻在菊石的螺纹中间。

读你写在菊石上的那行字，那些旋转的字迹，像是开启了隐秘时间的暗道，打开了秘密心房的栅栏：

> 菊石上记录的进化，连同我心中的思念，都在螺纹的
> 旋涡里旋转着。

读一封几亿年前写在菊石螺纹中间的信函，字里行间结晶出爱的刻度，仿佛那爱也存在了几亿年。

🦌 菊石是头足纲的一个亚纲，是已灭绝的海生无脊椎动物。它最早出现在距今4亿年的古生代泥盆纪初期，繁盛于距今 2.25 亿年的中生代，灭绝于距今 6500万年的白垩纪末期。一直生活到现在的鹦鹉螺是它的近亲

一句话

意外离去，连告别的话都来不及对你说，几乎让人疯掉。

青春年少，我们一起在礁石上静看水月天光。你潜入深深的海底，去摸岩石缝隙里的鹦鹉螺。

"给你一个好看的！"

涛声幽幽，我心慌乱，等着你从水里浮上来。浮出水面时，你手里举着那个美丽的鹦鹉螺，橘红斑纹环绕的鹦鹉螺的边缘，划破了你的手指，鲜红的血水扩散到鹦鹉螺的螺纹里。

离开前，在鹦鹉螺里，我寄存了一句话，那是这个世界上我唯愿说给你听，你最想听到，而我因为一次次的迟疑没有说出来的。我把它藏到你常去的海边的岩石下。

很多年过去了，寄存在鹦鹉螺里的话你是否听到了？很多次从梦里惊醒过来，总有一种幻觉，以为你在倾听，以为你要做出应答——以为自己是那个紧贴着你耳朵的鹦鹉螺。

 软体动物门，头足纲，鹦鹉螺科，鹦鹉螺属，鹦鹉螺。海洋活化石

泪痕线

猎豹眼角的泪痕线，看上第一眼，便觉得好像已经看过很多眼。

那无声的泪的刻痕那么容易揪住人心，甚至成为猎豹的标记线。

那条黑线从眼角延伸到唇边，猎豹孤僻、敏感、独立的神秘个性从这条泪痕里一点点渗透出来。

难以解释猎豹的精巧之美和优雅风度里为何会含着一点儿悲——你身负着怎样的期待，这份期待如此长久，甚至连时光都落寞了，泪干枯在时间的荒漠里。

这份孤寂的含悲连爱神都不忍，便把这悲中的期盼刻到它流经的线路上，成为魅惑那些易感之人的黑线了。

猫科，猎豹属，猎豹。猎豹从嘴角到眼角的一道黑色条纹，是区别猎豹和豹的一个特征

虎吻故事

　　兽中之王不像大多数野生动物那样害怕人类，人类却总是忘掉遇到它时必须给予它对一个强者起码的尊重，对老虎极尽可能地捕杀。老虎遇到人时，逃走或进攻都不是它的本性——除非它被惊到以致发怒。它能感觉到，并做出判断，是要攻击，还是擦肩而过。

　　有一天，孟买一个疲惫的警司坐在河边欣赏落日，有一只孟加拉虎走到他身旁，他甚至感觉到了老虎在自己脸上呼出的热气。时值黄昏，正是老虎捕猎的时间。一人一虎那一刻好像都别无他念，共同对眼前那轮西沉落日产生了一点儿说不出的迷恋。

　　夜幕降临之前，那只老虎从他身旁悄悄离去。

　　从此，警司再也无法忍受看到老虎死去，再也不能帮任何人捕杀老虎。他时常在夜里梦到一个虎吻。

哺乳纲，食肉目，猫科，豹属，孟加拉虎，又名印度虎

最后那一只

　　知不知道武广牛这种动物？不知道也无所谓吧，它可能灭绝了，也可能即将灭绝。

　　那是一个幽闭的角落，一只动物神情落寞地被黑暗和灰尘捕获了。它漆黑、光滑、微微弯曲的尖角，差不多有 50 厘米长，尖锐锋利，像匕首一样，角上环状脊纹显出华美尊贵的光泽，仿佛古代神兵利器上深藏不露的纹饰。

　　被捕获的这只武广牛，被人抚摸，没有反应，也不挑食，不抗拒人的亲近。只是任何一种友善都好像触不到它的内心。它的眼眶总是湿润的，时不时抬头望向空荡荡的窗口……

　　这只武广牛就这样活了不到三个星期，静悄悄地死在围栏里。

　　没有人知道它是不是最后一只武广牛，没有人能懂它哀莫大于心死的沉默。

偶蹄目，牛科，中南大羚属，中南大羚。别名武广牛、亚洲麒麟。极危物种

丑羚牛

那只羚牛我从未见过，却又似曾相识，好像跨越漫长的进化历程，我们都伤痕累累，却又无比幸运地存活下来。乔治·夏勒[①]这样描述它：

> 羚牛有棕熊那样的驼背身躯、鬣狗那样倾斜的后腿和臀部、牛一样的四肢、山羊似的扁平尾巴、角马那样疙里疙瘩的双角、驼鹿那样鼓鼓囊囊的面部。羚牛的丑是如此有名。秋冬季节，羚牛啃咬和剥食幼松、柳树及野樱桃树的树皮。春夏，羚牛狼吞虎咽地享受树叶和草本植物的嫩茎。在四川，羚牛与大熊猫分享着同一个自然保护区，它对自己的丑，或者说天赐的美有一种平静的满足，对大熊猫被世界超乎寻常的溺爱没有一点儿妒忌。

这副面孔，如果说是拼凑而成的，或许它会生气，那么温驯的个性里，还有好像磨不平的桀骜，让人生出一种抚摸它的冲动。我相信，终有一天，我们会在荒野山道积着寒雪的阳光里不期而遇。

[①] 乔治·夏勒（1933— ），美国动物学家，当代最优秀的博物学家之一，著名的自然科普作家。他是第一个受委托在中国为世界自然基金会开展工作的西方科学家。

好像自己也如一只羚牛一样丑陋，又不在乎这一切。

为生存进行的咀嚼，为警觉活着安然进入的长梦，总会让行走的脚步，充满无法解释的神秘。

🦌牛科，羚牛属，羚牛

遍地精灵

在妈妈讲的故事里，让丫丫担心起那只黑唇鼠兔是否逃离了苍鹰的爪子。

丫丫用手摸着书上胖乎乎的黑唇鼠兔，如果自己能养一只这样乖巧听话的草原精灵，每天抱在怀里抚摸它，跟它说话，是一件多美的事！这种想法一告诉妈妈，她立刻笑了："家里可不能养啊！"好多天，丫丫都在为黑唇鼠兔的命运担忧。

作为青藏高原上凶猛动物们的主要食物，黑唇鼠兔敏感的神经是高原苍狼、西藏棕熊、猎隼和大鵟们训练出来的。但黑唇鼠兔也有自己安全的地下世界。

丫丫把鼻子贴到图片上，迷迷糊糊地进入了梦乡。梦里，丫丫觉得自己变成了一只黑唇鼠兔，钻入了地下四通八达的隧道，穿行在独属于黑唇鼠兔的迷宫里。高原的蓝天、白云、雪山，萤火虫一般牵动着丫丫的脚步，脚下的泥土那么清凉，咀嚼禾本科植物细嫩的根须，让丫丫在梦里笑出声来。

鼠兔科，鼠兔属，黑唇鼠兔

意外

那只身材高大的瞪羚似乎受伤了，它浑身颤抖着，一瞬间深陷重围。

鬣狗群蠢蠢欲动，将要展开攻击。有几只鬣狗去咬那只瞪羚的脖子和上唇，另几只朝相同方向扯它的尾巴和肛门。

生物链上动物群体的生存法则，被这种死亡角力设定下来。那种凶悍的捕杀仿佛天经地义，杀戮的经验在基因和生存守则里被一代代保存下来。一只瞪羚被一群鬣狗瞬间撕成碎片时，整个草原血光四射。腾起的尘土遮住了血腥气，一个生命就这样停止了呼吸。

但这次是个意外。虽然当我们是旁观者时，总是期望这样的意外发生，当我们是猎手时，又期望不要有任何意外。

一瘸一拐的猎手，神情落寞，惨兮兮地从落日的余晖里走过。世上从来都没有束手就擒的猎物。深陷死局的瞪羚，用后腿几乎瞬间踢碎了一只鬣狗的腿骨，它忘记了自己碎裂的血肉，忘记了撕扯中失衡的身体。某种深沉的唤醒，让它记起风的呼啸，想起青草的气息，死神在它身上被一股未知力量惊得跳起。这只瞪羚冲出鬣狗的围堵，像一颗熊熊燃烧的流星，朝着阳光深处狂奔而去。

牛科，瞪羚属，瞪羚。动作非常敏捷，奔跑速度可达 80 千米／小时

呼吸孔

环斑海豹潜到冰层下，朝着猎物游去。由浮动的冰山延伸出来的茫茫冰层下面，隐藏着庞大的磷虾群。围绕着磷虾群的，还有其他多种凶残的猎手。为了更好地捕食，也为了给自己预备更多逃生的机会，环斑海豹在冰层透明度最高的地方撞出好几个刚好能爬进爬出的呼吸孔。这是足够聪明的准备，它觉得这样会更加安全。

每一次，当它爬出呼吸孔，一股清新的空气涌入胸口，满满的幸福感围绕着它。它渐渐对呼吸孔有了一种特别的信任，它探出头时，越来越身心自如。

对冰层上的每一处地方都了如指掌的北极熊，已经在呼吸孔旁悄悄等了好多次。它为一顿美餐细心地做着准备。在距离呼吸孔很远的隐蔽角落，它观察着，计算着。

环斑海豹把头从呼吸孔探出来时，它的嘴角还有一只磷虾的残躯。阴冷的风刮过，一只厚实的巨爪，一把将惊魂未定的环斑海豹扯住。北极熊的巨掌集中了全身的力气，它喘着粗气，带着狂泻武力的快感，试图一把将环斑海豹击晕，环斑海豹柔软的身体正在往洞口里滑时，它用两只熊掌拍碎洞口周边的冰面，把脖子死命挤进洞口，一口咬住猎物的脖子，把猎物从冰洞里甩上蓝天。

那个呼吸孔铸成的生与死的时间边界，瞬间破碎，化为烟雾，在北极荒原上消失不见。

🐾 海豹科，海豹属，环斑海豹

屁

遇到臭鼬怎么办？

避之不急，还能怎么样！

最初并不认识臭鼬。那只精巧的动物不像豺狼有阴狠的獠牙，也非长着绒毛的小兔，是任你捉任你摸的善类。偶然走近，无意中谈起世间琐事，引出一阵无谓的牢骚，观点相异，便以为受到了攻击与胁迫。无端的闲谈变成人性的猜疑，善意的玩笑引得它翘起尾巴，抬起后腿，发出尖锐的警告般的嗞嗞声。当它前腿支撑身体旋转倒立，你后退一步，惊诧它会有如此失态的举止。这个时候，如果你还不退出这片区域，你将被混合了二氧化硫、丁烷、甲烷的气体包围。面对这种无端的攻击，谁的情绪都会忍不住波动，一种失控的激愤会令你口不择言，和对方一阵对喷。

哎呀，突然清醒，满心羞愧。一阵阵隔山屁轰隆隆地冲过来，趁那股臭气没有形成气候，赶快逃离那只臭鼬的领地。

鼬科，臭鼬属，臭鼬。主要分布在北美洲。受到攻击时，臭鼬会放出奇臭的气味

钟摆

远古先祖给弱小的非洲獴遗留下来一些御敌的口诀，这些口诀简短急促，通过喉咙颤抖的声息传达出一些奇特的指令，这些指令能够驱除胆怯、加速奔跑、保持瞬间冷静。非洲獴被这样的声音魅惑，受其庇佑，在这个弱肉强食的世界上一代代生存下来。

那只悄然逼近的胡狼，对几十只小动物突然夺路狂奔倒没怎么在意。它迈着碎步，转过一道石壁，只觉眼前一花，吓得前腿落在柔和的草茎上时一下子弹了起来。眼前有一只从未见过的巨兽，既不凶悍，也不胆怯，只是一动不动地立在岩石拐角的草滩上。进退两难的胡狼，和一只只叠罗汉一般相互紧紧贴在一起的非洲獴，默默对视，那一刻，相互都不再认识对方。岩石上洒下来的阳光使胡狼更加饥饿，微风使装腔作势的非洲獴心神俱裂。

在命运这架天平的两端，生和死由耐心做成一个钟摆，咔嗒，咔嗒，一左一右，那么奇妙。

猫鼬科，缟獴属，缟獴。又叫非洲獴，是体形比较小的群居哺乳动物。偶尔具有伪装的习性

看过关于一条霸王乌贼猎杀一头抹香鲸过程的详细记载，就好像记录者在杜撰并不存在的事情。

传说像是真的，也有可能只是传说。

抹香鲸的先祖接到战书，之后出乎意料地战败，一代一代潜伏在那道 2000 米深的海槽里，又痛苦又艰难。亿万年里，物种的进化，力量的聚集，智慧战术的演练，都是为了袭击海神山里永世不能忘记的仇敌，那个放牧着海底群山的霸王乌贼部落。

自从第一战，霸王乌贼之王轻松地杀掉抹香鲸最优秀的深海战士之后，原本骄傲不可一世的抹香鲸开始沉思。霸王乌贼拥有隐藏的利齿、能横扫一切的触须，还有灵活致命的吸附功能。原本以霸王乌贼为食的抹香鲸，哀声遍野，觉得自己的族群将永无翻身之日。但思考总是有益的，没有谁能够想到抹香鲸最终的胜算落在了偷袭上，那是拥有世界上最有力的大嘴给予的启示。一只抹香鲸在被霸王乌贼缠绕窒息之前，它和伙伴会扯断霸王乌贼缠绕在深海岩石上的触须，咬住试图堵住其呼吸孔的乌贼，全速游往水面。

于是，抹香鲸开始了可怕的潜伏，一次次的潜伏开启了抹香鲸对霸王乌贼的猎杀，直到霸王乌贼在它们的神山里开始退缩，不再对抹香鲸穿行的觅食通道构成危险。

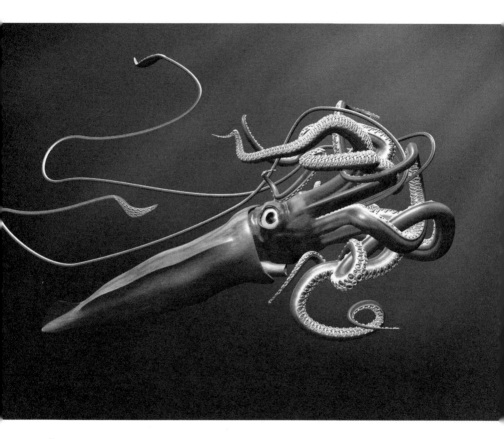

软体动物门，头足纲乌贼目，乌贼属，霸王乌贼。地球上迄今为止最大的无脊椎动物，体长可达 20 米，是深海体格最为庞大的捕食者之一。传说中的霸王乌贼身躯有 70 米长。霸王乌贼一到浅海就会因为失去强大的水压而死亡，抹香鲸正是利用这一点，将霸王乌贼拖到浅水猎杀

哀杀

受伤时会呻吟，呻吟唤起爱怜，激发生还的求助，会把内心的恐惧释放出来，从而推动一个生命重新攀登生的阶梯。

一只受伤的抹香鲸的呻吟会在海底引发轻微的"地震"。低沉的哀鸣在海水中扩散，传递给附近的抹香鲸。接收到求助信息的抹香鲸，会一只只游到伤者身旁，通过轻轻触碰和独特的语言抚慰它。

海洋鲸类专家将一群抹香鲸团团围住受伤的伙伴的方式称为"雏菊援助"。

掌握了抹香鲸"雏菊援助"的规律，猎鲸人利用一只受伤的抹香鲸做诱饵，消灭了一个又一个抹香鲸的族群。巨型的飞叉后面拖着抹香鲸的尸体，电锯惊魂，血腥泡沫横飞。捕鲸人开启香槟，大嘴张开，庆祝自己灵巧的杀戮。

哺乳纲，鲸目，抹香鲸科，抹香鲸。头部巨大，主食为乌贼。体长可达 18 米，体重超过 50 吨，是最大的齿鲸。肠内分泌龙涎香

红毛猩猩的眼泪

偶然的机缘，曾跟随科学考察队深入婆罗洲的腹地。

一脚踏入那堆朽烂的腐草时，隐约听到一声低沉的呼吸，腐草微微颤抖，那份败落似乎还没有完全死去。在土灰和焦黄中间夹着一块铁灰。热带雨林中下着雨，雨丝落在那块铁灰上，依稀能够分辨出随天光转动的眉眼、蠕动的鼻孔和紧闭的嘴唇。

这堆橘红色的"烂草"竟然是一只奄奄一息的红毛猩猩。考察队员七手八脚地把它往担架上抬时，感觉手里的生命如此腐朽，好像随时要破碎。红毛猩猩的眼睛像两个黑洞，深得见不到底，因生活的磨炼拓印下来的渴求与爱恨几乎被时间抹得一干二净。

安放它的斗室里，唯有寂静呼吸的频率，留声机一样，不断重现着一个生命的过去。

在这只红毛猩猩死亡的那个夜晚，我和几个考察队员陪伴在它的身旁。我无法想象，是什么把它生存下去的一切剥夺得那么彻底……躺在草堆上的好像不是一只红毛猩猩，而是未来某一刻的自己。这种想法让人无比悲哀，怅然若失。

灵长目，猩猩科，猩猩属，红毛猩猩。俗名人猿。红毛猩猩与猴子最大的不同是它没有尾巴，能用手和脚拿东西。分布于婆罗洲和苏门答腊岛。人类为种植商业价值更高的橡胶树，大量砍伐森林，红毛猩猩的栖息地越来越小，生态越发濒危

魔术兽

做成貘的玩具真是奇妙的创意，这种敏感孤僻的动物最能理解孤独。它的鼻子喷出水花时会给斗室增添多少乐趣！

这只貘的玩具还能变形。扭转扭转，变成缩小版霸王龙在急速奔跑，扭转扭转，变出俊逸的奔马，再扭转扭转，变出鲁莽的犀牛。

貘进化成形，是在 5500 万年前，是马和犀牛的祖先。

貘有一个奥妙无穷的万能鼻子，这个鼻子帮助貘躲避敌人的追杀，助它藏入水里，那鼻子还能摘下鱼腥草和水葫芦的叶子，捡起橡子的坚果。

貘还是收藏怪梦的灵兽，遇到解不开的谜题时，可以默默向貘祈祷：万能的灵兽啊，请帮我变出力量，变出好运，变出怦怦跳动的一颗勇敢的心。

🦌 现存最原始的奇蹄类，貘科，貘属

不要用豪猪去擦屁股

"不要用豪猪去擦屁股。"这条充满喜剧感的加纳谚语被从非洲一直带到中国来，好像远渡重洋的笑声在人心里自有它自由自在的旅程。这条诞生于稀树草原日常生活的谚语里，有多么痛的领悟，就有多么乐观坚韧的朴素智慧留给后来者：危险地带，可时刻不能马虎大意呀！

这条谚语还被好事者做成动画，用以宣传非洲的神奇。那个代众人受苦的受难者，一定是个善于自嘲的有趣的人，才会把发生在自己身上的糗事说给众人听：

　　　　环绕富饶的非洲旅行，走出酷热的沙漠，经过稀树草原进入热带丛林，一路走下来，生命就像山顶滚落的石头。

　　　　有一天，半路上，他匆匆钻入灌木丛，方便完，像在沙漠里一样，随手捡起一块硬物，去擦屁股。大自然中的旅行带给他超乎寻常的肌肉硬度和精神韧劲。他为自己一路的疾行感到自得。手指以莽撞的力道捏住一块硬物——一瞬间，人像遭了电击。茫茫原野深处传来一声尖声哀号，仿佛雷劈着了一个活物。那股灼热伤痛，他以为是一条偷袭的毒蛇造成的，其实是一只憨睡中受惊的豪猪，受惊的豪猪毫不留情地在他的屁股上进行了一次彪悍的示威。

啮齿目，豪猪科，豪猪属，又称箭猪。受惊时尖刺竖立，簌簌作响

本色翼

朝北的窗外是一片雨林，雨林里藏着数不清的风。打开窗户，闷热的夜晚总能看到路灯下无数飞舞的蚊虫。窗内写作者梦游般的思绪和窗外动物们的天籁之音掺杂起来。

在这个扑面而来的小宇宙里，有正在捕食的蝙蝠，黑色的影子一瞬间而来，一瞬间而去。这些黑暗幽灵深棕色的翼膜上有时候贴着月光的银色，有时则被窗中透出的橘色红光照成一片乱影。它们飞行的方式，像鸟儿一样震颤，像猎豹一样精准，尖利声波清晰定位出一只只猎物在空中的位置。

那么写作呢?

语言的本色和蝙蝠的飞行在这样的夜色里相互融合。意识渐渐澄明的时刻，不约而同地，奔跑的语言和满载而归的蝙蝠各自把自己倒悬在嘈杂世界的屋檐下，获得了想要贴近又保持距离的视野。

彭博摄影

🦌翼手目，全世界有超过 900 种蝙蝠。模范母亲，动物界少有的有利他主义行
为的动物之一。唯一能振翅飞翔的哺乳动物

雄辩

两只袋鼠在草原上互相拳打脚踢，如同古希腊课堂上激烈的雄辩。

一个念头挥出，另一个念头迎头撞上。被揪到短处的一方，灵活地游走在概念的边界，然后，不失时机，钩住语义大脑的脖颈，用强有力的论据从下方来一个猛蹬。

对方一个趔趄。

噢，你真行。

抛出一个小概念做诱饵，然后把作为陷阱的论点设置好。待对手跳跃着猛扑，就把大门敞开，让它跳进来。然后蒙上概念的眼罩，争取在它省悟过来之前，把它踹倒。

战斗中你来我往，火花四溅，如同沉寂的火山朝着苍凉大地哈哈大笑。真心实意的辩词，招招杀入思维的肌理，智慧的汗珠一滴滴落到困顿之河里……性灵的弓弦绷紧，灵魂的屋门打开。

智慧双搏，角力始，双赢归。降下一阵哲学雨。

袋鼠目，袋鼠科，袋鼠。主要分布于澳大利亚和巴布亚新几内亚的部分地区

忠诚

黑眉信天翁精致的眼睛上压着的那道细纹黑线像琴弦一样跳动时，眼神里闪动着一股天生的鹰鹃般的柔和，巨翅悠然浮沉于虚空，恍若一片片白萍漂浮在天空之河上。成熟冷静的生命，看不出冰封焦灼遗留下来的痕迹。整个岛上，成群结队的黑眉信天翁悠扬的声音里，是一眼望不到边的幸福和完满的结局。

但——

在笼罩着小岛的寂静之光外，浊浪涌向布满黑云的天空。一只黑眉信天翁在海涛撕扯的白色大网中穿进穿出，它尖声的嘶鸣穿过云层。这只巨鸟毫不吝惜生死一般盘旋在风雨之路上，一次次俯冲，又一次次从海波浪尖上飞起。逆浪而飞的鸟儿，好像一点儿都不相信自己的伴侣坠入了浪与浪合拍的深渊里，它无法忍受爱人在心头的每一声呼唤，哪怕微弱到风平浪静时心海里跳出最轻的一声叹息，都会把它卷进风暴里。

🦌 鹱（hù）形目，信天翁科，信天翁属，黑眉信天翁。最长寿命可达70年。
一对信天翁，会终身相伴

雀儿眉

满满一窝小雀儿，躁动不安，挤来挤去，既是生命焰火，也像沸腾的水。嘴角还未褪去的鹅黄是从往世带到此世来的。稀稀拉拉的羽毛下发红的嫩肉看起来很可怜。那副弱小的皮囊仿佛盛不下任何变化。每个幼小生命胸膛里的心脏静伏着、等待着，和它焦躁不安的外表形成了如此神奇的反差。

引人注意的，还不是弱小生命无知无畏的坦然，这坦然当然足以撞击人心。吸引人的，是一双双还未睁开的眼睛，在那层恍然未觉的紧闭的眼睛里，灵魂之眼将醒未醒，轻轻抖动的雀儿眉，正在形成一个生命对光的最初反应，那是要求保护、需要爱的大门开启前最难以琢磨的时刻。

有一天，黎明的钟声响起，心里的星辰和世界的星辰轰然相撞，形成黑眼珠里那晶斑一样独一无二的太阳。

每个人都曾像这一窝小雀儿中的一只，在生命世界从眼里醒来之前，生命在混沌中地动山摇的时刻，恍若觉察，又恍若坠落，极度惶恐中的嘤嘤哭声，都变为醒来之后终身不竭的探寻。

雀形目鸟类基本为中、小型鸣禽，喙形多样，适益于多种类型的生活习性，鸣管结构及鸣肌复杂，大多善于鸣啭，叫声多变悦耳。筑巢大多精巧，为晚成鸟，雏鸟从卵壳出来时，发育不充分，眼睛没有睁开，身上的绒羽很少，甚至全身裸露，腿和足也软弱，没有独立生活的能力，需要留在巢内由亲鸟来喂养。晚成鸟与人类的婴儿类似

秩序的涟漪

树蛙的身影划过蕨类植物湿漉漉的叶面，由一棵树跳向另一棵树，修长的双腿如活塞一般运动着。

树蛙的身体上，草绿和树皮灰绿、苍褐、赭红的颜色混合在一起。当它静止时，便和整个森林隐匿在一起；当它跳跃时，轻灵的身影在悄无声息的时间里激发了浸透整个森林水色的涟漪。

这团跳出自然神龛的绿色火焰，就是一簇自由之火。在这只树蛙看似混乱无序的脚印里，整个森林的史诗正在一句一句被书写出来。

彭博摄影

🦌 无尾目，树蛙科，树蛙。体背多为绿色，后肢长，吸盘大，趾间有发达的蹼，可以在空中滑翔

建立生命独立性的历程

　　情绪激动的小燕隼，撞离巢穴，贴着树影乱飞，被不可知的乱流卷得翻滚，一次次地振翅不得不变线。命运掉进了布口袋，小燕隼独自在困局里哀鸣着左冲右突。

　　深陷激烈的冲突，只要不湮灭，终归会将一颗心的独立催逼出来，促使它仰头看向高处的天空。高空的气流，是要把每一双脆弱的翅膀都撕碎的。搏击和无畏，滋养智慧，也能培养出对力量的信任——这种信任在心里生根的一刻，有股奇妙的轻盈会在心口涌出来，带起那双茫然无措的翅膀，滑入分割了乱流之后的平直轨道。

　　那是第一次安静地俯瞰。云影并未散乱，美得炫目的弧线从阳光内部跃出，还能听到自己与世界共振的呼吸。

　　低低地盘旋，跌跌撞撞，其中埋下了多少无形的韵脚？那是摆脱他物控制的历练，在风雨下，在云海里，追逐自己心中的脚印，让性灵、大自然和生命的潮汐合拍。

一路滑向云层之巅，让飞翔的意志悬在阳光下，在乱流交汇中体察莫测变幻。翅膀感觉到气流里藏着的情绪，世界在振动，深远的平静慢慢生成着。

孤独，哭泣，一切曾使生命干瘪枯槁的，努力地翱翔，都是为了让你得偿所愿。

彭博摄影

🦌 隼形目，隼科，隼属，燕隼。小型猛禽

拔河

如果扯住后腿，那么沉入水底就算完了。但还好一口咬住的是后臀，看着一口咬住一大块，其实四足还可以拼命踩踏在水中。岸一直在眼前不远处，可以挣扎着爬上岸去。没有时间多想，尽力用四蹄蹬开，划水，用力划。唯一要做的，就只有这一件事。

这是一头角马最后的战争，死亡和活下去之间，只剩下狭窄的一道缝隙。那头潜在水中一动不动的尼罗鳄，正铆足了劲，要把角马拉进旋涡。水流不断倒灌着，水声吓人极了，诞生着窒息，切割着存在。

任谁也不愿看到黑暗慢慢覆盖，任谁也不想死亡静静滑落。

我在生的这一端，细想四个蹄子拍打着没有任何依托的水流。尼罗鳄在死亡的另一端，不断送来死亡，递上吞噬。苦口婆心地规劝："休息片刻吧，何必对痛苦那么不舍！"活生生的生命就在撕裂的中心，就在黑洞内部的那个点上。

在阴沉的黑暗和明晃晃的光彩中间，试图把生命的纯粹进行到底的那份喧腾，只有身处剥夺中的角马在定义，在承受。那是一道生的意志劈开的深渊，一具血肉之躯的塌陷在证明着最激凸的奋起。

我试图以旁观者的身份，来审视一只角马在死亡中的挣扎。我想，尼罗鳄，你的牙齿真的能咬得那么牢固？你没有咬对部位。我要把角马拉回动荡疲惫的奔波世界，它不会进入死神地狱般静止的肚子里。

一只角马之死，让我感到悲哀，那一点点滑入心底的冰凉并没有因此证明死亡是胜利者，生更加绵延，更加充沛。一定存在不可预知的另一面。白昼与黑夜在交替。我知道我还有得选。

没有一次站在尼罗鳄一边，无法选择黑暗，无法选择死亡，无法选择恶。

无法。

终归会有人选择让自己变为欲望的化身，而我只能选择把灵魂虚无的一角拽住，把善的绳索紧紧缠在自己的手臂上。

不让自己哗变。

但这很难。

鳄科，鳄属，尼罗鳄。广布非洲。是一种大型鳄鱼，性情凶猛

小迁徙

动物们的远途迁徙往往被看作一部叙事宏大的生死交响曲，但生活在巴哈马西北部的比米尼群岛浅水珊瑚区的大螯虾对迁徙的演绎看似是平静的，就像一首小夜曲。

秋季风暴拍向浅水区之前，岩石击打着浪花，发出巨大的轰鸣。季节开始散发出一股危险的气息。这股气息催促着生活在珊瑚群里的大螯虾向温暖、安全、食物更丰富的深水区迁徙。

每当这时，寂静的浅海沙地上，螯虾迁徙的场面富于戏剧性，它们的迁徙像是经过了排练，一列列一字排开的大螯虾纵队，连绵寸步踩碎了茫茫海丘上的浮沙，海带一样的队列飘过一道道沟壑。

螯虾这种优雅的迁徙秩序里，充满了音符和节拍……它们在迁徙路上和艰难险阻的对抗，旁观者很难想象。它们一个紧随着一个。它们天生就懂得团结。

有时候，我们不怎么相信小迁徙能战胜大迁移，小聪明能变成大智慧。

🦌 十足目，鳌虾次目，淡水虾类的统称，鳌虾

红珊瑚树

一只游动的鱼儿，隔着时间的镜面，游动在梦里。嘴里竟然发出声音，它不断朝我呼唤，好像要我把一扇紧闭的大门打开。心不知为何一阵发紧，好像打开那扇门是我无法推卸的责任。

从鱼儿的声音里，顺次滑出一条街道、几棵大树、一片草滩……我顺着这些标记一一推开大门。

一个水塘从草滩深处浮现出来。水塘边，有个少女正失神地给鱼儿丢着食物。她的眉目间有种任谁都夺不走的快乐，那快乐，鲜红如骄阳，带着温暖，近乎眼泪在流淌。少女绽放得如同花儿，粉嫩而洁白，将绵延怪异的水塘点染得有了一股生而无悔的气息。

展开双臂去拥抱……突然醒来，梦的轮廓，清晰如画，犹在眼前，如同一棵大海里的红珊瑚树，鲜艳得几近悲哀，几近壮美。

🦌 珊瑚是刺胞动物门珊瑚虫纲海生无脊椎动物。珊瑚树是珊瑚虫的分泌物和骸骨构成的组合体，主要成分是碳酸钙，以微晶方解石集合体形式呈树突状存在。大多呈白色，极少量呈现蓝色、黑色和红色。红珊瑚是珊瑚吸收了海水中的氧化铁形成的

龟年月

和朋友闲谈，聊起他学习绘画的历程。那么艰难，很多次几乎停顿，甚至徘徊在放弃的边缘。就像小海龟的出生。他不无自嘲地说：

> 刚刚孵出来的小海龟，挣扎着爬出沙堆，朝着透出光亮的地平线爬去。沙滩上，一只只军舰鸟在天上盘旋，它们的尖嘴时刻准备着穿透这些小海龟柔软的壳，把小海龟的身体在空中甩来甩去。大概那肉很香……新希望和梦想的萌芽，总是诱人的。渡过那段生死的劫波，回归大海深处，龟壳才会逐渐变沉，眼神才开始笃定……
>
> 生死的考验，是生命里最艰难也最珍贵的考验。

他为我斟上茶，说起童年时受画笔吸引的事。墙上的画里似乎能敲出鼓声。燕雀摆脱苍鹰的利爪，那份嘴角的尖鸣和纷乱的羽毛里，带着扰乱人心的风。花瓣上欲滴的露水，面对土地，陷入了震动之前的沉寂……梦想的碎片，一点点黏结起颜色的幽灵。墙壁上的画里，思想的穿刺，压迫着生命的神经，情感的水面，涟漪绵延，泛起线条活生生的跋涉。

> 画画的过程，从把心神敲醒的兴趣，转变成永不满足，

那是一段漫长的创造出自己的世界的龟年月。迈着小有所成的龟步，虽然幸福，但军舰鸟那随时刺过来的尖嘴，才会让小海龟铭记一生。生死相搏的紧张感，会塑造出生命最核心的丸子！

真想听他这么一直讲下去。

🦌 爬行纲，龟鳖目，海龟科，龟属，海龟。寿命可达 150 年。主要以海藻为食。头顶有一对前额鳞，四肢蜕化为鳍，状如船桨，以利于游泳

第1001条鲑鱼

保守估计，在鲑鱼迁徙的旅途上，前1000条鲑鱼都会化为破灭的希望之花，只有第1001条鲑鱼才能抵达命运的目的地。

你应该微笑啊，勇士。沙洲水波里的平静、岩石滩上急流的撞击、浮木的尖刺的阻挠……跃过死亡瀑布时，棕熊的血盆大口张得那么大……

过去了，一切都过去了。回到终点的鲑鱼只记得自己越来越悲伤，越来越孤单。

无法忘记祖先留在心里的话："我在哪里死亡，就在哪里诞生。"

第1001条鲑鱼的命运，就像人类自己的命运。穿越时间的乱流，我们在不断寻找，寻找着变化的秘密，也在寻找已经回不去的出生地。

鲑鱼是一类溯河洄游鱼类的统称。它在淡水河上游的溪流中产卵，孵出的小鱼游回海洋长大。鲑鱼俗称三文鱼

报复

　　据说一只蝗虫的恐惧是由后腿的某个部位被触碰造成的，看起来无足轻重的触碰，对蝗虫却是极具攻击性的暗示。这种暗示促使孤僻胆怯的蝗虫放弃独行，开始聚集。

　　那个炎热的正午，河谷都被太阳烤干了，阵阵热浪里传来冲击波一样的嗡嗡声。推开窗户，便看到遮天蔽日的乌云，空气里没有凉风。没有人知道是蝗虫的翅膀遮住了天光。手指大小的蝗虫猛烈地砸向街道、树丛、绿野，一刻钟光景不到，半米深的蝗虫雨淹没了世界。耳边闷雷一样的沙沙声，仿佛镰刀在收割生命。

　　所有绿色瞬间被吞噬殆尽，只有土黄色的蝗虫的河流在眼前漫无边际地流淌。饥饿的老鼠窜上街头吱吱叫着，惶恐的母亲抱着窒息的婴儿无助地哭泣，男人们发现火烧、炸裂、水淹没有任何作用，开始不安，拖家带口地驱车逃离。

　　蝗虫聚集成一只可怕的怪兽，到处寻找那个最初的触碰者，这个原本胆小的生灵的愤怒火山般喷发着，到处寻找那个敌人。

蝗虫将卵产在干燥的土壤里。遇到干旱，孵出的蝗虫聚集到一定程度，就会形成蝗灾。单个的蝗虫非常胆小，但聚集起来的蝗虫极富攻击性。中国是蝗灾多发国，宋《除蝗疏》记载，蝗灾曾"蔽空如云翳日"

獾道

作为古老房子支架的石条上覆盖了一层厚厚的青苔，石条上的湿气招引青藤从高处垂下，几乎遮住了一楼的窗口，凉风不时地从旧式阁楼朝北的窗口吹过。从窗口能看到园子边白花花的小溪，紧靠小溪有一条通往灌木丛的小道。

"原本是条獾道，后来走的人多了，狗獾就来得少了。"房主和租客一起在门厅对着窗口喝茶时，房主慢悠悠地说。

"现在还能见到狗獾吗？"

"很少了，以前在林子里还能看到鹦鹉、野鸡……现在被抓的抓，吃的吃……"

知道租客是个作家后，房主的眼睛明显地由世故变得柔和虔敬起来。

"啊，好，作家好。天亮的时候，我来叫你，看狗獾，有狗獾的。和我家这房子一样，代代相传的，狗獾是传家宝！"

早晨的薄雾发着幽蓝的光，雾气在窗外一节一节随天色变亮。两人悄悄站着，透过窗口，看到獾道上出现了一只狗獾，样子像是衔着血脉的家臣，小心谨慎，迈着碎步。狗獾壮实的小腿和黑白分明的脸庞伴着山林的幽静，像是被晨光里的道道虚云驾着。

"还是第一次见到狗獾。"租客有点儿惊喜。

房东看到狗獾时那种庄重的神情，像是在接一道密旨，让站在身边的租客惊觉，这小小的狗獾，与共生在同一片土地上的人，都有一些不愿轻易示人的秘密。

🦌鼬科，狗獾。我国广布。夜行性动物。体重 10~12 千克

梦魇

不安定的环境，遭遇多重的挫折，一个接着一个的打击让紧绷的神经产生多梦的境况。

一个梦破灭了，失望之中会遇到另一个梦，梦若隐若现时，又有新的梦冲进来。在时间光影的栅栏里，梦赶着梦在湮灭。连环不醒的梦真是折磨人！深夜，紧绷的神经与内心的焦灼就像迁徙路上神经质的旅鼠。无法确定哪个梦是最终的。站在悬崖边，脆弱的生命被惴惴不安包围着，来接受这份惶恐，深陷于无法解脱的煎熬。

一道道怪影纠缠上来，为获得重生的呼吸，伴随着必然的攻击、践踏和撕咬。就像几百万只旅鼠层层堆叠在迁徙的路上，惊恐形成某种节拍，要把一个个梦的碎片从意识深处驱赶出来……

抵达迁徙目的地的旅鼠，狂躁症很快消失了。它们平静地四散，就像小小的温热的一团，从黑暗里跃出，又很快消失在日常生活的地平线下面。

啮齿目，仓鼠科，旅鼠属，旅鼠。旅鼠寿命通常不超过一年，繁殖力极强。群居数量达到顶峰时，鼠群会开始焦躁不安，毛色由灰黑变成橘红，除留下少量传宗接代，大量旅鼠会进行大迁移，有些会迁移到大海边投海自杀，有些会从高密度区域迁徙到低密度区域繁衍新的族群

给孩子的神奇动物园

299

捉蟒人

　　西晋张华在《博物志》上记载过捉蟒人的事。蟒蛇平常比较少见，只在森林或热带雨林里才有机会见到它。

　　那个捉蟒人腰间总是斜别着三根和他身体一般高的紫红色木棍。没见过他捉蟒的人总调笑这个翻跟斗像风车一样的寸钉小人"三八叉"。

　　有一次，在山间遇到一条笔直地朝大家爬过来的巨蟒，众人吓得四散奔逃，他倒高兴地蹦起来，围着巨蟒的头跳来跳去，不断用木棍戳巨蟒的脖子。愤怒的巨蟒张开大口，舌头吐得老长，恨不得一口将他吞下去。他一边跳一边哇哇叫。围观的人还没看清怎么回事，就看到他一下子钻入蟒蛇的大嘴，仿佛一瞬间，他又从巨蟒的尾巴钻出来，对着大家挤眉弄眼。他玩得意犹未尽，哈哈笑着窜到蛇头前，又一次逗弄巨蟒张开嘴。这一次穿越巨蟒像是表演，故意放慢了动作，大家才看清刚才究竟发生了什么。原来这个小人冲进巨蟒嘴里，一边在它肚子里奔跑，一边用手里的三根木棍飞快地将巨蟒的肚子撑出一个膨胀起来的通道，好像那不是一条巨蟒，而是他能够随意变成走廊的玩具。

　　这样玩了几趟，身体上有几处被戳出了破洞的巨蟒奋奄一息，脖子慢慢耷拉下来，茫然无措中愤愤死去。众人围上来，看着得意扬扬的小人啧啧称奇，有几个年轻力壮的，试着拿小人的木棍去撑开巨蟒的身体，三个莽汉想用三根木棍在巨蟒的肚子里撑出一小片空间，累得大汗淋淋，却始终没能如愿。而这个小人，在巨蟒肚子里健步如飞，仿佛鸟儿在林子里飞过。

🦌 有鳞目，蟒科，卵生的蟒亚科，称蟒蛇，卵胎生的蚺亚科，称蚺。都是巨蛇。蟒蛇长度为 5~11 米，是最原始的蛇种之一。中国古书中记作蚺，是蟒蛇的泛称

杀熊

儿子扶着母亲颤抖的肩膀,母亲苍白的脸色和儿子粗重的呼吸混合在一起。利刃插在地上,手背上的青筋依然暴突,刀刃上的血水凝固在银色的暗槽里。儿子微微闭上眼睛……

他冲进帐篷时,几乎被眼前的景象惊呆了。面无人色的母亲"咿咿"叫着缩在帐篷一角,炉子翻倒,铁锅倒扣,锅里煮着的牦牛肉滚落在毛毡上。那个狗东西抓着一块骨头啃得正香。棕熊转身和眼前直冲过来的黑影对视。母亲惊恐的样子和撕破的衣襟一瞬间激起了这个高原猎手的怒火和杀心。棕熊的眼神里带着警告,对眼前黑影的迟疑显出不屑。

放松警惕最终将这头棕熊送上死路。棕熊被儿子制成一张熊皮,铺在母亲身下,用来阻挡高原的寒气。救母亲的那一刻,剑拔弩张,起了杀心的儿子,心里腾起一股冲动,平日里和他关系冷漠的母亲,一瞬间变成了自己生命的核心,他感觉到了来自血管里滚烫的血液的召唤。

从熊掌里活下来的母亲倒在儿子的怀里,儿子握着母亲颤抖着的发黄的手掌,就像小时候,一双温暖细腻的手握住一双粉红的手。

食肉目，熊科，棕熊属，西藏棕熊，俗称马熊。分布在青藏高原、甘肃、新疆等地。

世界上最稀少的棕熊之一

天籁与永恒

　　五六月间，青海湖鸟岛上便有大群大群的斑头雁在湖面上盘旋，保护区的氛围已经被证实是安全的，因此它们可以放心地在游人面前像雨滴一样落向石滩、水面。高原风声里夹着悠扬清脆的中音，水浪声、鸟鸣声，还有不断被打开的听觉的暗道在绵延，组成了"天籁"两字最好的注脚。

　　但到了秋分，命定的高峰便会在每一只斑头雁的心头浮现，喜马拉雅之巅的风里送来一阵阵急切的声音，山峰另一边的低地、湖泊里，去年寄存在那里的水草鱼虫在召唤。为了抵达命运的另一个目的地，避免不了飞越喜马拉雅之巅这份可怕的考验。雪卷起羽翼上的白毛，圣洁的光投射出能够融化心结的暖意。千丈雪下，飞越的意志，倾其所有，让生与爱的张力保持着一种惊人的平衡。

　　即将从青海湖鸟岛上启程的斑头雁，四下翻飞的身影里，渗透出迁徙路途上群山日月寂静的身影。

　　生命高扬低落，意志在天宇盘旋。

　　一切，无形能止，无时可终。

　　鸟儿一只接着一只，飞向天空。

张相茹摄影

🦌鸭科，雁属，斑头雁。分布在西藏、青海、甘肃、新疆，高原鸟类，迁徙过程中会飞越珠穆朗玛峰

自由在逐步被射杀

在青藏高原短茎鸢尾、垫状点地梅、绿绒蒿盛开的花朵中间，一头被猎杀后弃置的野牦牛的巨大头骨显露出来，风吹雨打之下，牛头上的黑毛已经变成了棕色。昔日的高原方舟，在"尽力射杀"下，已经成了凋零之花。

在人迹罕至的高原上，曾经，它们和苍鹰、秃鹫、野驴、藏羚羊一起在天地间尽情享受"不受限制的自由"，它们高大、充满活力的身影和这片粗粝、孤独的大地相互渗透，共塑过一份高原的神秘。

在洪荒死寂的门槛上，阳光照着这具死亡的头骨，时间轻抚过它的阴影……那个倾倒的头颅却和活着时一样，迎着风，犄角顶向黑暗与光明交替升腾的世界，辽阔的背景抵住了远处遥遥指向蓝天的雪峰。自由在心脏处被射穿，头颅在脖颈处被割断后，又不遗余力，攀缘到两个犄角锋芒毕现的尖顶上，力量如锋，一与光的引导相遇，便会和苍天对抗，丝毫不改变生命原初的颜色。

 牛科，牛属，野牦牛。家牦牛的野生同类，个头比家牦牛高大，是典型的高寒动物，性极耐寒

追生逐死

　　山峰那么高，云层随疾风散尽。心中的大海被世界囊括为一声叹息，那是孤独的困惑之门悄然打开一道缝隙，想要表达出无声的时刻。

　　光从雪线上倾泻着，漫过山巅，追赶着惊跑的雪兔。雪兔跃向低处。在它身后，一只优雅的猞猁追赶着。

　　大概是已经熟悉了雪兔疾命飞奔的妖娆和诡诈，追逐的猞猁，双耳上竖立的簇毛，如取景器一般，一次次记录下雪兔的碎步编织出的轨迹。它笃定的眼神阴冷而平和，颚下白毛像时间的垂幔飘动在风里。软蹄轻踏石面，腾空而起，瞬间把雪影甩向身后。

　　生命嘤嘤哭泣于蓝天下的，未必是雪兔的变线跑；偷偷在阴影里冷笑的，未必是猞猁的激浪追。生追逐着死，死催逼着生，时间一路留下自己的痕迹。

猫科，猞猁属，猞猁。属于中型猛兽。身形似猫，但远比猫大，尾巴极短，分布极广，性情狡猾而谨慎

捕兽夹

在佛典里读到一段直白的话，其中的智慧，直到积累了一些人生的经验与教训，我才有了更深的体会。

> 有所得时，不要太得意；有所受时，不可太贪婪。这是防止落入陷阱的戒律。如果已经落入陷阱，解困之道未明，不要盲目挣扎、与夺命锋芒角力。

捕兽夹上的盘羊，样子那么狰狞。

靠本能挣扎的盘羊，死亡就是注定的。

盘羊一脚踏入捕兽夹时，它的警惕心和智商被一簇青草的香气迷惑了。因此死去的盘羊睁得大大的眼睛里映现出一缕蓝天悔恨无垠的颜色。那条套在捕兽夹中的大腿，圆环朝内的尖刺镶得深可入骨，扭曲变形的钢质尖刺，可以看出肉体的刺痛和精神的惊恐引发过盘羊疯狂的挣扎。

它是坦然接受了必死的结果，是慢慢死于饥渴，还是在痉挛的恐惧中骤然死去的？

所有死亡都无法回溯，那深渊般死亡的平静模样投入眼里总是化作惊心的界碑。盘羊横躺着死去的那片区域，不见一根可食的草茎，可见，为延续生命，它尽过全力。阳光和星空照过这个凄凉生命最后挣扎的舞台，大自然震撼心灵的苍穹之眼里，那份怜悯忽略了一个生命最后时刻可怜的蠕动。

　　三天后，猎人阿扎带我去收陷阱里的猎物，看到死在捕兽夹上肥美的盘羊时，阿扎开心地笑了。我也替他高兴。

牛科，盘羊属，盘羊。又叫大头羊、大角羊，是生活在中亚高原上的一种野生羊。中国古代又叫蟠羊。阿拉斯加大驼鹿的角、北美落基山区大马鹿的角、盘羊的角，并称世界传统狩猎动物珍品的三绝（角）

让喙吃掉

　　展览厅那张特写照片里，一只胡兀鹫从山峦顶上扑下，那份桀骜不驯一下子抓住了他的目光，图片的注释里有这种猛禽被大众叫得更多的那个名字——大胡子雕。那缕喙下飘动的黑色胡须和笃定的眼神，真酷！

　　从胡兀鹫迎面扑过来的锐利眼神里，他同样感觉到了自己困在茧中的窒息与痛苦。图片下还附了几行诗：

> 让喙吃掉吧，
> 融进翅膀，融入眼神，
> 化为它的一部分，
> ——这是崇高的殉身！
> ——这是肉体的重生！
> ——这是精神的升华！

吃掉？

重生？

升华？

这些话穿越脑海，捏住了他的心脏。"让喙吃掉吧"，锋芒切向细肉，电光火石般锐利，使心脏的神经在微微颤抖。

　　心灵的硬甲被一一击破，一种如释重负的感觉传遍全身。浑浊的生活多像骨头里包着的骨髓。骨髓，正是胡兀鹫喜欢的美味。

　　他闭上眼，黑沉沉的世界里，有只胡兀鹫伸展巨翅，踩着气流的阶梯，从浓雾盘绕的世界里层层攀起。某个静止的时刻，腐骨从爪子里掉落……他感到自己被撕碎，被吞咽，被分解，顺着一股热流，在一只猛禽的意志里重新活过来。

隼形目，鹰科，胡兀鹫属，胡兀鹫，也叫胡秃鹫，俗称大胡子雕。食腐。有"鸟中鬣狗"的称号

荒芜

　　曾经，那片土地上，满地圆白菜如盛开的绿牡丹。主人的勤劳投在众人的眼里。土地安静又愉悦，平平整整的。

　　菜地什么时候开始荒芜，没人知道。圆白菜的叶子上什么时候爬满蛞蝓和尺蠖也无从说起。只是那个像抚摸爱人一样日日耕耘着土地的主人不见了。菜叶腐烂后的味道弥漫在园子里，荒凉和沉寂让那片土地感觉到了某种不安，好像远方的主人身上的一些味道慢慢从他劳作过的土地里渗透出来。

　　等到菜粉蝶飞过菜地，蜗牛开始迁移，夜风吹掉树枝上最后的叶子，沙土被白雪覆盖。

　　一天夜晚，那片土地做了一个梦，梦里，土地身体里的神经抖动起来。从土里浮现一张亲切的脸，用温柔眷恋的目光，轻轻抚慰土地无尽的孤寂和思念……

　　清晨，茫茫原野上落着雪花，唯独这片荒芜的土地上的积雪融化了。经过湿土的人，看到融雪的轮廓会被非常惊诧，那轮廓分明是一张微笑的脸。

彭博摄影

🦌昆虫纲，鳞翅目，尺蛾科。成虫翅大，身体细长，有短毛，叫尺蛾；幼虫细长，行动时身体一屈一伸的，像拱桥，叫尺蠖。蚕食树木花草的嫩芽和花蕾，为常见害虫

🦌软体动物，异鳃总目，蛞蝓（kuò yú）科动物的总称。蛞蝓外表看起来像没壳的蜗牛。俗称鼻涕虫。是蔬菜上常见的害虫

海胆炒米饭

初到海边，海的辽阔遮盖了一切，那种来者不拒的气势吓住了渺小的我。和在海边生活了三十多年的老吴混熟了，围绕大海舞台的隐秘幕布才算被我徐徐拉开。

海洋并非如看上去的那样空无一物，甚至可以说应有尽有：石斑鱼、鱿鱼、海蜇、青虾、海螺、螃蟹、飞鱼、海参……海里的每一样活物都有自己的秘密领地。

"晚上带上手电。"

"干吗？"

"去抓海胆。"

期待海浪又一次卷过大腿，潮汐冲刷浅滩，巨岩被一个个浪花的雪掌做无谓的推举……前几日刚和老吴抓过一次海参，那份刺激的浪潮在心里还没有退去。又硬又咸的老吴，黑黝黝的皮肤上泛着红光，如粗砂砾石一般。

半夜晴空，海面平静了，岩石在海上露出半截，悠悠如静舟。老吴侧着身子，抿嘴闭气，手在岩石下面的缝隙里摸来摸去。从水里站起来时，海水哗的一声从老吴身上四散。

"看——"他摊开手掌，一个竖着尖刺的黑色绒球在老吴手里闪动。"海刺猬"半拃长的尖刺锋芒毕现，似乎是受到了惊吓，一根根乌黑的晶石一般的刺闪着寒光膨胀起来。

　　"有海胆炒米饭吃了！"老吴边说边把海胆朝戴着橡皮手套的我丢过来。

　　海胆炒米饭味道的特别之处很难说清，那味道和大海的咸腥气紧密相连，鲜香中带着纯朴，耐人寻味。

　　🦌 棘皮动物门，海胆纲，海胆。中国有 100 多种。俗称海刺猬。是地球上最长寿的海洋生物之一

擦肩

　　为什么会叫蓑羽鹤？你非苍老笠翁，而是湖上冉冉升起的歌者，那披向头后的白鸽，胸腹飘飘洒洒的黑羽，都是天赐给你的舞衣。你在水边漫步，娟秀轻灵，安静如一个女子。很多次，见你轻跑着跃入蓝天，隐身在雾里。只有风雨的知心人才能那般柔和地从天空中飞过。

　　也听说你能飞过那座世界的巅峰。万仞之上，那山独一无二，真是雄阔，是蓝天悬于世界的谜题。风雪交加，狂风把你从山崖卷落，你哀鸣，奋翅。是对大自然的懂得和对目的地的痴念使你存活并升华为微笑的智者。

　　所懂得的一点点你的心，对我如往世重生，漫成江河。从远处看那么知性的你，偶尔巧遇你抬头投来的一瞥，看得人心神摇动。你轻巧踱步，慢慢隐入雾里。一瞬即永恒的别离，恍如现实的街头，有个蓑羽鹤一般的女子，正与自己擦肩而过。

🦌 鹤形目，鹤科，蓑羽鹤属，蓑羽鹤。现存鹤中体形最小的一种，中型涉禽。颊部两边各生一丛白色羽毛而得名

奇迹

　　最初看到那个树桩的平台上，一枚孤零零的卵在风里滚来滚去，既惊诧又担心。小小的一枚卵被风吹着滚向树桩的边缘，在即将跌落时又滚回树桩中间。正担心卵的安危时，一只白玄鸥嗖地从树缝中间飞出来，落到树桩上，开始孵卵。微微凹下去的树桩，显然不是人力所为，好像是高处的一块大石头砸下来形成的。

　　这个微凹的树桩，什么时候成了白玄鸥的巢穴？

　　小小的一枚卵在未出生时，就身处困局。两只白玄鸥在这个光秃秃的平台上轮流孵卵，几乎无意中，在把冷酷现实告诉自己生命的结晶：活下去，认可并接受现实。

　　初见这枚岌岌可危的卵时，觉得它的父母真是蠢蛋。但看看周围的空间，正在孵卵的鸟儿，便也能体谅白玄鸥的苦心。没有一个生命是天生庸常的，那些所谓的奇迹也需要坚守平凡的日常才能得到。眼前这枚涉足危机、步向新生的卵，倒让人像期待奇迹一样在等待一个毛茸茸的生命的到来。

燕鸥科，玄鸥属，白玄鸥。又叫白燕鸥。白玄鸥生活的海岛上没有天敌，所以它们一般不筑巢。常常把卵产在树杈交叠的地方

失败者

那只斑鱼狗水中捕鱼已经失败了三次，却依然把迅疾抖动的翅膀在空中打开了一个扇形。它悬停，俯冲，朝着水面箭一般扎去。飞离水面时，茫茫然，空落落，生成于翅膀上的轻盈被宣判一无所获，身体里有一块铅坠悬着。

风卷过水面，吹得树叶哗哗响。

"是年轻莽撞，还是病痛折磨，使你陷在此刻生存的窘迫里？"

斑鱼狗停在水面的枯枝上，水珠顺着羽毛滴滴答答地落下，光透过羽毛投射出一个清晰的灰影，全然是一座茫然失落里生命隐隐作痛的失败者的雕像。

坐在溪边，看这只斑鱼狗许久，不知为何，眼前的情形在脑海里激发出另一种幻觉：有一股力量，由爱和勇气生成，将这只在濡湿阴冷中瑟瑟发抖的鸟儿重新铸过。它的眼神里仿佛注入了桀骜与自信，原本蒙着水雾的失神的眼球里透出墨玉般的光。它甩头将身上的水珠抖起来，光芒里溢出一个光晕勾勒的小太阳……

真想喊一声："斑鱼狗，整个河面都在为你歌唱。"那是幻觉，还是那不是幻觉？

奔流的河水静得可怕，没有一丝回声从世界深处传来。

那只斑鱼狗依旧呆呆地立在枯枝上。

张相茹摄影

🦌佛法僧目，翠鸟科，鱼狗属，斑鱼狗

镐声如戏

犀鸟巨大的喙像是从梦境里伸出来的，喙的颜色橘黄里辉映着鲜红，似乎那把大到有些滑稽的巨剪不为收割，只是要表达轻盈与喜乐，完全是孩童把自己的游戏积木寄存在一只鸟儿的大嘴上了。

它挥动大嘴，如同农夫拿着铁镐锄地，干净利落地出击，自如地撕碎一只野兔，轻松地敲开乌龟的硬壳，迅速地叼起一条游蛇。

对这些，犀鸟似乎不以为意，它没想过高飞，倒更愿意在草地上奔跑，在树杈上跳来跳去。鼻腔里一时发出隆隆声响，将胆小的鸟儿惊飞；一时又自顾自咯咯咯地笑着，像在和白昼、夜晚说起突然想起的梦话；兴奋起来，嘴里口哨一个接着一个，引得群鸟侧目，走兽惊跑。

作为声名赫赫的掠食者，犀鸟的兴趣那么广泛，不时做个相声演员，不时做个时装模特。好像比起捕食，贪欢逗乐更像它的主业。

犀鸟科，犀鸟属，犀鸟

织

千涛万波在冲击，一次次飞过那道防波堤，一次次飞过被风吹了又吹的原野……编织巢穴的材料就是这样一根一根衔来的。仿佛身体里藏着一种快乐的本能，从心口涌出——爱盛开的花朵要求织布鸟这么做——去编织一堵围墙，去编织一个庭院，去编织一条走廊，去编织一间卧室，去编织一颗春天里突然醒来的心……

这些为爱缀上花环的努力，琐碎，繁杂，却也如相思的纱衣。正因为知道这是世间独有的一件，才给了它说不出的振奋和激情。

日夜不息，清水流过河道，丛林的湿气里裹着风，原野在孤独中呼号。柔韧的细茎，如丝的藤条，从阳光里剥下的一片片落叶……

它尽心挑选，精心编织，忘了往昔，不觉来生。

织布鸟迷醉在自己的劳作里。

🦌织布鸟科，织布鸟属，俗称织巢鸟。是鸟类中的建筑大师，性喜群居。主要
分布于非洲热带和亚洲

表演术

狐狸循着声音找到了草丛里的鸟窝，鸟窝里的几只雏鸟看到突然到来的尖嘴大胡子的陌生来访者，一阵高过一阵地尖叫起来。

真是一顿美餐，狐狸吞咽了一下口水，竖起耳朵，一步步逼近那几个叫成一片的小生命。

几乎是本能让狐狸缩了一下脖子，一阵疾风贴着脖子穿过。一只环颈鸻，像是翅膀受了伤，从狐狸的头顶擦过。狐狸一愣神，转身扑向眼前的美味。环颈鸻的动作真是敏捷。狐狸气喘吁吁地追着环颈鸻，就像流光追着碎影，后浪追着前浪。

狐狸追得真是要累死了，环颈鸻也气喘吁吁，那份累可不是装出来的。

十回有九回，环颈鸻对自己的伪装信心满满。但假如失手一回呢？想起雏鸟在窝里彻夜哀鸣，环颈鸻妈妈就不寒而栗。每当雪白的利齿冲向自己，它就把自己十二分地投入戏里。

这追逐、逃跑的戏份，既假，又真，除了演成喜剧，不允许有其他可能。

🦌 鸻形目，鸻科，环颈鸻

双重身份

"你老坐拥书海，真是书鱼儿转世。"对这样略带调侃的恭维话，他从不辩驳，微微闭上眼睛时，还有一种"确实如此"的享受。穿越灵魂的河流，咬嚼书籍海洋里文字的美味，闻着油墨淡淡的清香。多少生灵隐秘的趣味在胃腑里留恋着。对这些，他深有体会。

夜阑人静，人们进入梦乡后，他悄然来到书房。书本虚拟的影像在他眼前褪去面纱，一扇金色的大门缓缓在眼前打开。他变回一只银色的书鱼儿，驾上时间的飞舟，在一个个故事的丛林里，冲浪，狂呼，风流，癫狂。性情乖张，气质狂悖，像是火山喷发时溅出的岩浆，又像烧透世界的火星。

以书鱼儿和商人的双重身份，时不时地移形换位，去经历两种截然不同的生命。

他保存着这个秘密，从不对任何人说起。

🦌 节肢动物门，昆虫纲，缨尾目，衣鱼科，衣鱼。又叫蠹鱼、书鱼儿、书蠹、白鱼。身体呈银灰色，喜欢吃糖类和淀粉等碳水化合物，会对纸张、照片、丝、毛线等造成危害。蜈蚣、壁虎等是它的天敌

梦蜷哥

梦到有只负子蝽，向我絮絮叨叨地谈起它生命里最美好的事，好奇怪，我们很熟吗？

爱之难，正是它美好的原因。你要记住，遇到一份珍惜，就是有珍珠在爱的蚌壳里成形了。爱总让爱恋者在迷恋里坚持。你看花儿，迷恋上5月，便总在每年的5月盛开。那种生命力永世不移。为爱的刺痛流泪，常常会使生命升华。

你看我背上排列整齐的将要出生的孩子，它们都是我爱的结晶。我深爱的她在我的背上编织，游戏，叮咛我不可辜负她，然后悄悄离去。我按她的心意，为孩子寻找合适的出生地。一路奔波，为了不辜负爱恋，不辜负自己，不辜负活着。

从梦中醒来，晨光照在窗帘上，我甚至还能听到"不辜负爱恋，不辜负自己，不辜负活着"的余音。看见一只背着一身白卵的负子蝽，不知从何处爬来，正要爬往窗外的水塘。可能是爬累了，它停在我眼前不远的窗帘上，一动不动，像在小憩。

半翅目，负子蝽科，田鳖。又称负子蝽。中国南方水生昆虫。性情凶悍，以小鱼、小虾为食。雌性将卵产在雄性背上。雄性负责孵卵和养育幼虫

给孩子的神奇动物园

333

牧场

对于黑蚂蚁圈养的成百上千只蚜虫来说,那段灰灰菜的嫩茎就是一片沃野。

黑蚂蚁来牧场采集蚜虫的蜜露时,正巧碰上误闯进蚜虫群里的像一座城堡一样的独角仙,蚜虫们被冲得七零八落,激怒了好斗的黑蚂蚁。一批批兵蚁冲向这座移动的红色城堡。

无端的干涉打扰了七星瓢虫的雅兴,它不满地蹬了几下腿,翅膀上下扇动。它开始生气,将兵蚁的队伍冲得七零八落。兵蚁的断肢,有些挂在独角仙的腿上,有些和死去的蚜虫们的残躯滚落在一起。

终于有聪明的兵蚁,发现了敌人的软肋。在独角仙的硬壳中央,当翅膀震动时,会打开一道缝隙,顺着那道缝隙,兵蚁可以把自己的钳子咬入独角仙的嫩肉里。背部传来的剧痛让独角仙一下子惊飞起来,它张开翅膀,盘旋着翻转到空中,惊恐地发现,自己刚才深陷在一片黑压压的包围圈里。

彭博摄影

🦌昆虫纲，鞘翅目，金龟子科的昆虫总称金龟子，全世界有三万多种，我国有1300 多种，独角仙是金龟子里体型比较大的一类

黑夜预演

　　小时候常玩一种跳板虫，它的不妥协的抗争，甚是有趣，诱惑人和它玩你来我往的游戏。

　　跳板虫就像两粒黑瓜子拼在一起。用手按住它的身体，它的头部和腹部就会自发地摩擦、抖动，咔嗒、咔嗒地有力地伸缩。将它四脚朝天放在地上。它只需要一点儿蓄力，头部和身躯的连接处稍微拱起，啪嗒一声弹得老高，身子一下子就会翻过来。

　　黑魆魆的跳板虫，会隐隐触动人心里隐藏的那份不服输、不屈服、不安心的意志。游戏里，我们也乐见它完成生命的修正，一次次端庄周正地从仰面朝天的无力，动作潇洒地回归到有尊严地按大自然安排的方式走自己的路。

　　人生终归会有挫折，挫折那么多，有多少失望隐藏其中。我们在这些挫折里得以窥探世界真正的样子。

　　渐渐体会那种四脚朝天，在人流如织的世界上，遭人漠视的绝望感。体会巨大的否定生命意义的威压，心底不期然产生一股强烈的反弹。对试图把自己死死摁在地上的那股无形的力量，活着的意志和渴望不做出回应，就等于否定了自己活着的意义。

　　一只跳板虫在沉默的日子里一定努力过，不可见的积累和沉淀

节肢动物门，昆虫纲，鞘翅目，叩甲科，沟叩甲。俗名叩头虫、跳板虫。

是一种危害农作物的地下害虫

在它的身体里积累了那么多。甚至觉得自己就像一只跳板虫。小时候玩跳板虫，对一个小孩子来说，不只是玩游戏那么简单。那个玩游戏的小孩子一定不知道自己将来会有四脚朝天的一天。

当我像一只翻倒的跳板虫时，我才开始理解那只跳板虫，理解它不屈服于那种翻倒，理解它内心的尊严。它在咔嗒、咔嗒中把身体绷紧。它的姿态富有耐心，童年游戏里曾有的快乐和耐心在朝着未来传递。

四脚朝天，天地相逼，那种情景能让人理解很多东西。

用小指头按住跳板虫连接头部和躯干中间的缝隙时，我笑得有些残忍。我无意识中假扮了一双黑暗之手，让一个跳板虫在我的淫威下屈从对生命意义的否认。跳板虫一定相信，那根压住它的可恶的手指终归会离开。

在玩跳板虫的游戏时，我并未察觉自己正在预演自己未来的命运，预演生命的庞杂、丰饶与神秘。直到有一天，能够理解人生亘古如长夜，心里才住进来如跳板虫那样不屈的几粒星火。

在每个人的身体里，其实一直储存着有爆发性的弹力。一旦相信，便拥有了打开并释放这种弹力的钥匙。

当奋力弹起，身体腾在半空，心里终归会溢出一点儿说不出的悲哀。

轻盈总让人难以释怀。

痛楚那么深。伤口在愈合。世界上没有笑脸。

不依赖于任何他物，身处的世界正是自己创造的世界。

蚰蚰路

　　那条路绷得像琴弦一样，夜晚到来，不算长的路上便有五六盏路灯亮起来，路灯淡黄色的光，虽显昏暗，但足以驱散走夜路的人对夜色包围自己的恐惧。路灯的光，朦朦胧胧，像按下纤细轻柔的手指，让走在路上的人，感觉自己像音符一样在琴弦上正被拨动。

　　我时常无视道路左手边的一切，无视白粉斑驳的围墙尺子一样画出道路的形状。围墙后面的野地深处，万家灯火将纯黑的夜色浮起来，天幕被染成幽蓝色。白天疯长的构树、榆树、刺槐和小白杨的树尖，被夜色一一吞没，世界被风吹动时，那些树尖将夜的浓密不动声色搅动起来，会让人想起生活里挣扎与贪婪紧握住人心的样子。

　　右手边发生的事情常让人迷恋，总有哗啦啦的水声，灯光静悄悄地唤醒了水里金矿的脉络。紧靠道路的是一条终年不曾断流的水渠，微微陡峭的水渠尽头和山的某个暗层连接着。水渠边的草木一直被水溅得湿漉漉的，绿沉沉的花草中间，似乎总有难解的世界，伴随水声，钻到人的脚步里。

　　下班是在晚上十点。我会双手插在裤兜里，耸着肩，行色匆匆，穿过那条夜路，从一片灯火通明的商业区走到一片万家灯火的住宅区。这短暂的穿越，肉体的转移，潺潺的水声，总让人绷了一下午的神经，得到些许的缓解。

　　这条不长的岔道何以会把心里的一小部分留住，让人意识到自

张相茹摄影

🦌昆虫纲，直翅目，蟋蟀科，蟋蟀。俗名蛐蛐，古书里叫促织

己不只是破碎的？很久以前，那段艰苦的时光里，我不曾意识到，自己内心深处被唤醒的大自然，会渐渐露出它的冰山一角，并在日后，从自己的文字里，变得山石嶙峋高耸巍峨起来。

蛐蛐声四下的鸣叫，起先似乎轻轻地。我的脚步也是如此。蛐蛐声推着长夜漫漫的波澜，夜仿佛通灵了，颤动着。

走在淡黄色的灯光下，琐碎嘈杂的心事漫溢出胸口。脚步开始变得拖沓滞重。草丛深处蛐蛐的鸣叫虽然既尖又脆，那些声音在心弦上引起共振与鸣响，就让原本单一的曲调变成多声部的和鸣，这些声音从耳郭飘出，在脑际和心头盘旋，让人的脚步迈得安静平稳，世界曾引起内心混乱的边界，似乎重又被自己安定地守住。四周的蛐蛐声，空灵，荡漾，在夜里，就像风里起了乱流，这乱流并没有把世界搅乱，反而将生命隐藏的活力充斥在生活的谷地和心灵的峰尖上。

水流声、蛐蛐声从耳边渐渐消失时，也就从小路上穿出去了。

无序的车流和光影之乱一下子又把人包围起来。

生活的警觉在眼前生成种种屏障之前，我总会习惯性回转身，去看身后那条隐没在夜色中的蛐蛐路，对自己刚刚接受了大自然馈赠般的梳理，总有点恍然，又似乎隐约感觉到，脑海深处，蛐蛐们明亮清澈的余音里，有什么东西，在某个瞬间，让自己的精神之眼，一瞬间虎目圆睁过。

水声和蛐蛐声把我擦亮的那十多分钟里，我不能知道有多少只伴随夜色高歌鸣唱的蛐蛐，在草丛深处，窥探着我的脚步，担心着我对它们的惊扰。

陀螺

很难理解一个生命做出的选择，那一定是出于一种安全的考虑。不管在旁观者看来是在冒险，还是在固守，内核里都深藏着对生命有益的原因。

淡黄溅水鱼跃出水面时，让人一震，还以为这条鱼儿受了惊吓，水里正有追逐它的猎食者，要把它撕碎。但它跃出水面时浑身没有剧烈地摇摆，它不是在水里没有目的地到处飞。没有，那条跳跃的鱼儿，没有一丝慌乱，相反，它铆足了劲，那么从容，一点儿也不像视死如归，倒很笃定，只是有一点点焦灼。跃到半空中时，细细的水流从嘴里喷射而出，水箭冲击着悬在水面上方的一片叶子，那片宽大低垂的叶子，在水箭冲击到叶面的一瞬间，满满兜住溅起的水流。

一条溅水鱼在做一个乐此不疲的游戏？

当然是游戏，但不只是游戏。

溅水鱼从水面跃起时，用嘴里喷出的水箭判断一片片叶子，它在精心选择自己的产床，它正在为将要成为一位妈妈做着准备。

人为了爱会不顾一切，会在世界最艰难的深渊中间欢腾，会舍弃惯常的平静，会把智慧之眼极力睁开。

它身负的责任不会让它冒冒失失，不顾生死。虽然在意识深处，在行为上，它确实在不顾一切——为了跃上那块最适宜产卵的叶子。

它那么做，那样选择，让人难以判断那种惊人的举止里究竟藏着什么。

在它爱着世界的核心里，我们自然看不到那个围绕着新生命旋转的宇宙。我们只看到生命惊人的形式，把我们看待世界的思维的惯性打破了。

我们未必真正了解生命急速旋转的陀螺……小到水珠的四散，大到苍穹静悄悄的闪烁。

🦌脂鲤科，溅水鱼属，溅水鱼。一般脂鲤科的鱼会吃自己产下的卵。溅水鱼则从水里跳出，到水边的岩石或者叶子上产卵，卵在很短时间里孵化成鱼后，游到水里

串门

在海拔 2500 米的冷杉林里，阴暗潮湿的树杈间，一只身披滑翔翼的小动物从一个树杈跃到另一个树杈上，一下子吸引了大家的注意力。

"应该是只小飞鼠，但小飞鼠是夜行性动物啊？"队伍里的动物学家有些不解，"看，对面那棵冷杉上有个树洞。一大早，这只小飞鼠可能饿极了，要到松鼠窝里去串门。"

树杈茂密，光线缥缈，稍纵即逝的小动物的身影激起了大家的好奇心。

"那树洞也可能是它的家。"有小孩子用尖细的声音表达着自己的看法。大家笑起来。

"这个时候正是 9 月，偷懒的小飞鼠会去搬松鼠的家。"

"老师，小飞鼠喜欢吃什么？"

"坚果、新树芽、嫩枝、浆果，偶尔也吃鸟蛋、雏鸟、蘑菇和昆虫。"

十多个人在林子里缓缓行进，从热烘烘的城市跑到温柔的大自然来串门，大抵和这只匆匆滑过林间的小飞鼠一个样。

🦌 啮齿目，松鼠科，飞鼠属，飞鼠。在前肢和后肢之间，有一层像降落伞一样的膜连接，因此它们可以像滑翔机一样在空中做短暂飞行。中国古代将飞鼠称为鼯鼠。北美洲和欧亚大陆的飞鼠属于啮齿目松鼠科，非洲大陆的飞鼠属于啮齿目鳞尾鼯鼠科

品味

　　朋友把一杯咖啡放到我面前。咖啡的香气把我从禁锢的意识中唤醒。"谢谢"都忘了说，只是任由触及丝绸般诱惑的惯性，端起杯子，忘情地抿上一口。

　　她看我喝得七情上面，得意忘形，对她辛苦的劳累没有任何反应，幽幽地说："这咖啡是用粪便磨成的。"

　　"噗！"口里喷出一阵薄雾，我瞪着她。

　　"你什么时候学会捉弄人了？"我有点儿不满，但诧异更多。她的个性并不是这样。

　　"哈哈，有必要装得这么敏感吗？热带雨林里的椰子狸，是世界上最好的咖啡豆筛选师，椰子狸粪便里的咖啡豆可是咖啡园里最特别的。这样乱喷，真是浪费。"

　　"为什么要用粪便来恶心人？"

　　"只能说，给你喝这样的咖啡，暴殄天物。"

　　我自顾自地又喝了一口，算是一种回应。不能再想太多，不然会中计。我细细品味的，是另外一些东西。

灵猫科，椰子狸属，椰子狸。中国南方热带雨林地区也有分布。

被吃掉后

从帝王蟹的进化史推测，它最早寄居在贝壳里。那是怎样的一种贝壳？在进化最为艰难的阶段，帝王蟹轻轻地持久地敲击着封闭的空间，一敲就是千万年。它小小的包含爆发力的脚，一点一点吃进贝壳的深处，挖掘下来一层层时间炼铸的铁壳上的粉末。

远古的星辰不断在夜幕上掉落，帝王蟹挥舞着自己的大钳子左右冲杀，阳光漫射的冰寒海域里，它把无数进化中的食物撕裂开来，细加品尝。帝王蟹一定是最有耐心的深海生物，它的耐心来自对生命新的长成的渴望。那柔软的腿脚，出于本能需要隐藏，出于意志想要爆裂。它终于得偿所愿，将专职于保护的贝壳敲得粉碎，并且尽可能与历经沧桑和战斗洗礼的另一半大钳子长得平衡。力量与意志里终于诞生了蟹族里新一代的王者。它感到满足，甚至隐隐有些得意。

多年以后，好吃者坐在海边的一个桌子旁。盘子里盛着一只烹饪好的帝王蟹，使人惊诧的巨大蟹壳蟹脚里，蟹肉的气味在飘香。海风吹散了迷雾，啤酒花在嘴边随风飘散。帝王蟹会不会悲哀自己长得如此肥美？它横行在深海里的蟹甲被铁器敲碎，它为了进化而做的努力，对咀嚼它的生物来说毫无意义。它被铁网捕捞，被一双有力的大手举起，令深海鱼虾生畏的大钳子无力地垂着，它被吃掉……它感到悲哀，想重新回到曾被自己敲碎的贝壳里，想重新躲到充满乱流的通道中，想躲进乱石缝隙的黑暗里……

　　但它已经无法回去。

🦌 石蟹科，拟石蟹属，帝王蟹。又名皇帝蟹、岩蟹。主要分布在寒冷海域。帝王蟹的祖先源自寄居蟹，故成年的帝王蟹腹部并不对称。帝王蟹的体形是蟹类中最庞大的一种

另一种孤独

有些年份，斧蛤会在碎石沙地上成群地出现，无数斧头，利刃朝天，蔚为壮观地铺满整个海滩。时间的裂缝在生命的气息里吞吐，利刃在寂静星空下劈开了生命的匹练，雪白溅出血红，哭泣化作笑脸。

有些年份，斧蛤决然地保持了沉默，充满期盼的海滩上只留下长长的空寂。斧蛤像是把自己封闭了起来，海滩感受不到与斧蛤之间对等的链接，感觉不到自己和斧蛤的生命曾经交织的节律。苍白的期盼被一份拒绝填满。谁能够理解埋藏在斧蛤身子里的这份喧嚣与沉默？

月光下，铺满海滩的斧蛤，银光闪动。斧蛤倾听着万物歌唱，这种神秘的倾听，让斧蛤感觉到了破碎和渺小。圆月孤悬于半空。斧蛤群的贝壳展开，传来此起彼伏的"咔咔"声，这声音传得越来越远，大自然那么陌生，无数好奇心在迎接斧蛤新生命的到来。

双壳纲，海产小型贝类，斧蛤（gé）。可以食用

　　中世纪的油画当中，独角鲸异化的长牙被赋予"独角兽之角"的美誉，这角上闪耀着星辰和权力的荣耀，让独角鲸的长牙成为富贵的象征。原本来自画家激情的产物，经由宗教和艺术的双重渲染，变成了独角鲸快速灭绝的套索。

　　对奇异之身的赞美和对稀有之美的占有，长久以来，一直是收藏家和各类自然博物馆趋之若鹜的猎物。

　　这个白鲸种群里的珍贵物种，只有在北极本土的因纽特人那里才会得到珍惜。一头被捕获的独角鲸，它的肉和皮用来食用，肌腱风干后用来制作结实的绳索。长牙即使偶尔会被高价售卖，他们也不会单纯地为了获得长牙，去猎杀独角鲸，不会将一群独角鲸驱赶进一片死角，用杀戮制造出一个被鲜血染红的大湖。他们甚至憎恶那些给独角鲸作画、拍照的艺术家，称他们为刽子手的引路人。

 哺乳纲，鲸目，一角鲸科，一角鲸属，一角鲸。又叫独角鲸。性成熟时，体长 4~5 米（不包括牙齿），几乎全身白色。最引人注目的特征是脑袋上伸出的长牙，那是从左上颚突出唇外的犬齿，长度可达 2~3 米，呈螺旋状，长得像角，故而得名。牙齿除了用于打斗，还是族群里地位的象征

二重奏

书房的主人瞥了一眼鱼缸里的梭子鱼，把书翻到昨天夹了书签的那一页。

哗哗的水流声在书房里辟出两个杀气腾腾的世界。

书中剑客拇指扣着剑匣机关，待发气势如骤雨将来。

鱼缸里的梭子鱼，从水草里探出头来，腹鳍支撑着让整个身子刚好离开水底，背上平滑的弧线在台灯投射出来的朦胧光影里仿佛一个滑向未知世界的时间圆环。

蓄势剑客将静演绎成无动之波澜。

梭子鱼一点儿都不输于这种装腔作势，它拱起背部，眼神锐利，好像要把碧波下的流水细纹一斩两断。

剑匣机关一动，剑锋挑起，寒光一闪。

梭子鱼的身体因兴奋变得僵直，接下来一定是作势一摆，扑向水银般闪动的小小鲮鱼了。

林间枯枝响，坠地雀儿羽毛散，鸟儿却贴地飞走了。出锋没有任何收获，失望之情从空无里拍向站着发愣的年轻人。读书人忍不住一笑，敲了一下书面。不知这个神经质的年轻剑客还会闹出多少无厘头的事情！

梭子鱼在攻击前突然沉到水底，鱼嘴啪啪直响，眼神朝上盯着水中的散光。摆好姿势就要展开捕杀，却发现猎物小到让它失去了捕食的欲望，沮丧钻入神经，刺激着梭子鱼把水草撞得嚓嚓响。原来也是一条正在练习捕食的鱼儿！

鲈形目，金梭鱼科，梭子鱼。又名海狼鱼，性情凶猛的掠食鱼类

抓

"这怎么是半条鱼，妈妈，它不怕死吗？"

"是翻车鱼，不是半条鱼。"

"它怎么没有尾巴，被人砍掉了吗？"

"进化了，尾鳍变没了。不是被砍掉的。砍掉，就死了。"

"它游得好慢，好像不会游泳似的。它会被淹死吗？"

"鱼儿怎么会被淹死？它没有尾巴，当然游得慢。你看，翻车鱼和大象一样大。"

"和大象一样大？有这么大，和我们的房子一样大吗？我们现在在半条鱼的肚子里该多好，妈妈。"

"嗯，一定很有意思。不要叫它半条鱼了，它是翻车鱼。"

"翻——翻车鱼还会发光，妈妈，你看，像月亮一样，真好看！"

"那是其他发光的鱼，粘在它身上，翻车鱼保护着这些鱼，也给这些鱼带来食物。翻车鱼身上粘着这些鱼儿，看上去也在发出光芒，人们也把翻车鱼叫月鱼。"

"妈妈，我们去抓一条翻车鱼养起来吧，夜晚当电灯，白天带我们去旅行。"

"我们这里没有，热带海洋里才有。"

"妈妈，有没有只有半条尾巴的鱼？它会像翻车鱼一样游吗？"

"应该有，应该有啊！"

硬骨鱼纲，翻车鲀科，翻车鲀属，翻车鱼。英、美称之为太阳鱼，西班牙称之为月鱼。中国沿海，尤其台湾海峡也产。身体后部在三角形背鳍与臀鳍之后戛然而止。瑞典博物学家最早叫它磨子。翻车鱼的名字来自它躺在海面上晒太阳，样子像翻倒的船或车

蓝吻

　　那个蓝色世界不断把人吸入，咕咚咕咚的水泡成串地冒起来。想伸开双臂，挣脱阻挠，让双腿摆动。身体一点儿都动不了，神经像是被电击。身体重重地撞向深海的泥沙里。难以分辨是自己，还是昨天在电影院里看到一头在海面上遭了雷击的鲨鱼，翻着鱼肚白，直直坠向水底，缺了流水通过两腮置换的空气，窒息正在把鱼儿一点点逼进死亡的角落。

　　心事重重的夜，梦魇像嗜血的群鲨，某种力量像囚笼一样把身体和灵魂的自由囚禁起来。说不出一句话，清晰如画的感知却像是被逼成线，透过一丝丝刀割一样的恐惧，变得无处不在。意识像夏天般燥热，花香可闻，笑语能听，唯独铅铸一样的身体不像是自己的。感觉有个黑影俯下身来，鼻息冰冷，贪婪地吸走身体里残存的热气。

　　真是可怕啊，一条清醒地陷入死亡阴影里无法游动的鲨鱼，带着冰凉彻骨的惊惧，下沉，下沉，迎来不动声色的窒息……

　　一声艰难的呻吟——人如被电击般从床上坐起。

　　四周的黑暗密密实实的，无数幻觉在脑海里蚊蝇起舞，窒息还在闭塞着感官。

　　就在清醒和梦魇之间的那条细而亮的分界线上，半透明的意识似乎看到了一点儿神秘的事。一丝清凉，冲进了混沌里，用温暖的嘴唇顶开死神的喧嚣，呵斥着无边无际的慌乱，安抚着瑟瑟发抖的灵魂。水流重新流过嘴边,腮裂微动,空气被召唤,肌体复活过来……那条翻倒身子,几乎要任乱流把它送入撕裂世界的鲨鱼,突然身子滚动,腰身一摆,游入重新由它掌控的世界。

就在清醒与混沌的边界上,我静静看着,视野里没有,但在半透明的意识深处,有个幽蓝的影子,正在游过黑暗与光明交替的世界。

你用什么方式把我从梦魇里唤醒?是一吻而至,还是带着一点儿固执的轻抚?

我用舌头舔着发干的嘴唇,想着你曾经来过,这件似有若无的事。

🦌 软骨鱼纲,目前世界上已知的鲨鱼有300多种。鲨鱼是海洋中最凶猛的鱼类,已经在地球上存在了五亿多年

偷看

　　游荡世界，飞来飞去，又回到了熟悉的水域。看到你带着孩子们，像个凯旋的将军，沉静机敏地绕行在水面上。

　　在远处的水草里，我探头看，羡慕你和孩子们的嬉戏，伤感自己的失落。

　　记得当时风日好，花儿开得艳。共看秋水潺潺响，忘了月儿几时圆。水面迎着风，风里迎来你。听你夸我戎装鲜，却不知，那是我专门穿来给你看。你埋头在我的羽毛里，羽毛轻暖，光影四散。不管雨打芭蕉生，还是鸟声鸣不断。你瞅瞅，我切切，天地总在一握间。不羡比翼鸟，不念并蒂莲。风吹草儿动，唯有你在我的眉目间，漫游，轻喘，浅鸣，高唱，两颗心里存着一份暖……那时候，流水经体过，花开对时眠，天地合体生，心结永不散……

　　水波金鲤游，你是蛇行头，孩做蛇行尾。孩子们被你精心地照护着，水流经过你，四时经过你，你没察觉到，风里有双窥探的眼，眼里是祝福，心里是亏欠。

张相茹摄影

🦌雁形目，鸭科，鸳鸯属，鸳鸯。鸳指雄鸟，鸯指雌鸟。雄鸟红嘴黄爪，羽毛鲜艳，头上长着华丽的冠羽，雌鸟黑嘴黄爪，身体羽毛整体灰褐色。生活中，鸳鸯并非成对生活，也不是终身相伴。小鸳鸯一般由雌鸟孵化、养育。鸳鸯生性机警，极善隐蔽，也善于飞行

城市笔记

每只生活在城市郊区的浣熊都有一本独一无二的城市笔记。

浣熊看见人类时并不特别紧张，但它又会机敏地躲开这些直立行走的动物不可捉摸的好奇心。

每天，天蒙蒙亮，它把自己的那双眼睛藏进深深的黑眼眶里，像交通警察一样定时出现在一个个道路纵横交错的十字路口，在道路拐角的树木、碎石上涂抹一些特有的标志，为收集食物留下清晰的线路图。车流和人流变密集之前，浣熊让自己快速消失在街边树木的阴影里。它嗅着桦树木材的清香，利索地攀过矮树篱，在一堆堆其他动物颇为中意的木材堆上画下属于自己势力范围的一道道边界线。

在忙碌的间隙，浣熊悄悄爬上熟悉的阁楼拐角，透过那扇半开的窗户，它总能看到一个小男孩和一个小女孩光着脚丫满屋子跑，或者坐在桌前看童话书，它听到大人给小孩子们讲起蘑菇海、鱼群草原，被冲击得神情迷糊。看到室内桌上碟子里一块块诱人的点心，一条条闪着光的肉，它馋得发昏，想象自己翻进厨房，吃得尽兴，忍不住在小台阶上偷偷傻笑，那奇怪的笑声，引得房间里的孩子惊诧地抬头，朝着浣熊藏身的地方看。窗外树木的昏暗中一无所见，

🦌 浣熊科，浣熊属，浣熊。原产北美洲，因其常在河边捕食鱼类并在水中浣洗食物，得名浣熊。浣熊常生活在城市郊区，会潜入居民家盗窃食物，人们又把它叫作"食物小偷"

却又有那么似有若无的窃笑声飘来飘去，让两个孩子惊奇地头对着头窃窃私语。

这个城市里，哪片土层里有香甜的蚯蚓和虫卵，哪个厨房里有美味的水果和蔬菜，浣熊翻开笔记，一笔一笔记录下来。笔记上画下来的，既是自然生灵中唯有浣熊自己才能读懂的密码，也是大自然深处投影下来的一幅幅惊得灵魂无处藏身的抽象画。

夜幕降临，街灯点亮，浣熊爬上树梢，寻找着一扇扇发光窗口里熟悉的气味，透过那些半闭半开的窗，它看到人类世界的一个个家庭里千奇百怪的景象，被那种复杂多样的生活激得浮起了第二层灵魂。在一些神奇的闪光的屏幕上，浣熊第一次看到熟悉亲切的模样，那个模样就是自己同伴的样子，却又比自己的同伴更加轻巧，更加灵活，好像是有了另一个灵魂的自己立在一片朦胧的光里，前爪下垂，尾巴轻轻摇摆，闭着的眼睛突然睁开，朝藏在黑影中的自己投来深邃的一瞥。那一刻，浣熊感到一股惊诧直撞胸口，有一份包裹着温和智慧的暖意让它陶醉，让它升华。浣熊有点儿迷茫，不能确信自己是否看穿了眼前的幻影。那个幻影突然跑下屏幕，跳出房间，朝着自己缓缓走来……浣熊惊得身子一缩，两个前爪一抖，几乎从枝头掉落。它抱紧树干，用力擦擦眼睛，眼前并没有什么事发生。它用爪子搔了搔额头，挠了挠耳朵，不能确定刚才自己是否走进了一个梦里。

杂货收藏家

那只深藏于古旧时光里的喜鹊又在蠢蠢欲动。它在看似安静的草坪上，俯冲，并突然叼起一枚藏在草丛深处的闪亮的碎片。这个天生的杂货收藏家沾沾自喜地飞上天空，让原本安静的草坪不再安静。

经院哲学家们百科全书式的思想看上去总是自成一统，像城堡一样稳固。而那些独具个性的思想探索者的思维，却被无数破碎的引人注目的亮晶晶的观念簇拥着。人心上那只充满灵性的喜鹊，会把这些看似是杂货的观念，从生活的垃圾堆上，从无人关注的旷野里精心挑拣出来，叼到自己宽大空旷的巢穴里。那个收藏杂货的秘密宝库，渐渐堆积起惊人的破烂货，让那个巢穴膨胀，让一个原本安全的变得世界岌岌可危。

作为一只好奇的喜鹊，聒噪是它的本能，精力充沛是它的天性。它逢人便说起被它引为妙语的奇谈怪论。有些腐朽的观念确实盛不住辩驳的竹篮子，遭人耻笑，坠落，摔得四散飘零；一些独特的见识，太过锋利，割断了平常看起来牢固的捆绑世界的秩序，遭到住在篮子里的人责骂和追杀。

张相茹摄影

🦌 鸦科，喜鹊属，喜鹊。有十个亚种。广泛分布在全世界。适应性非常强，喜欢群集，喜欢收集闪亮的东西。西方文献中的喜鹊，多指红嘴蓝鹊

一只喜鹊从不会去点燃自己收藏宝物的巢穴，它只会对私藏的杂货，越来越陷入一种不可自拔的沉迷。而时间的大风终有一天会突然刮起，会无情地刮来焦灼的火星，刮来重击的岩石。这个杂货收藏家的秘密宝库，这些亮晶晶的残片，如果真的有被提炼的价值，经历过砸碎和熔炼之后，最后剩余的结晶会镶嵌进新的观念体系里，布设出新的探索世界的格局。

　　一只在草坪上蹦蹦跳跳的喜鹊，突然捡起一块玻璃碴儿，要理解这种行为很难。它捡起光残落的碎片，并试图让一颗破碎的珍珠归于完整，这份努力看上去几乎不可能有结果。

　　但想到一个又一个经过的时代里，终归会有一种新思想诞生并深刻烙印为大众稳定的世界观，又会让人觉得，那些杂货收藏家所做的每一份好奇的挑拣，那些天赋异禀突然抓住闪亮之物的举动，那些看似无意义的经久不息的努力里，都有惊人的预期深藏其中。

小心思

　　蜜熊在树上像猴子一样轻灵，这份伪装让动物分类学家最初以为蜜熊是灵长目的一员。

　　这种猫一般大的动物几乎很少下地。人从树下走近它，它也毫无惧色，会用一双水汪汪的大眼睛盯着看，好像看着它的近亲。它用长长的尾巴卷住树枝，节奏徐缓，从一根树枝上荡到另一根树枝上。蜜熊除了吃果实、花瓣和花蜜，偶尔也吃鸟蛋和小鸟。在林子里，蜜熊是当仁不让的水果专家，花儿们恭候相迎的使者。它吃果实时，有力的手掌攀住树梢，粗笨的样子，像个憨娃娃。它用舌头舔食花蜜，尾巴上翘卷住树枝，后腿蹬住树干，前半个身子悬空，就像陷入恋情一样醉心去吻一朵盛开的花儿。

　　它的生活习惯，社会活动方式，已经进化得和猴子那么接近，就好像在远古时代，有一支浣熊的分支，羡慕上猴子跳跃腾挪在树木间的样子，就矢志不移地将整个生命的进化投入到这种狂热的攀缘中来，终有一天进化到能够轻灵地生活在树上，就只剩下改换面目，整容瘦身，由浣熊化为猴子——但这个时候，它犹豫了！心思难猜的蜜熊，栖息在树上，好像一直在等待着什么东西的到来。

浣熊科，蜜熊属，蜜熊。原产中美洲和南美洲。身材看上去像猴子，拥有食肉目动物中罕有的能卷住东西的长尾。树息性动物

飞奔

　　母白鼬扑进巢中，一口叼起睡得正香的小白鼬。天上雀鹰盘旋，猎狗在草丛里疾跑，这些声音如闪电一般击穿心脏，像火一样灼烧着母白鼬。

　　它把牙齿咬进细肉。摇晃的草丛，岩石的缝隙，让它记起呼啸的风和弓形的骨刺。因为惊恐、饥饿，它极需要一点儿刺激来保持冷静和专注。嘴里幼崽的蠕动，让母白鼬跑动的速度减慢下来，它用牙齿重新调整了一下与嘴里小白鼬的接触。死亡逼近的利齿下，是否能逃脱这次深渊坠落，实在难以预期。以幻影方式夺命狂奔，是眼下唯一的生路。

　　小白鼬在睡梦里还没有醒来，它伸出小爪子，朝着空中急切地一抓，从它爪尖漏过的一缕风，穿过母亲的牙齿缝，如鞭子一样抽向无垠世界里逐渐缩小的生命空间。风的清凉冷意，让小白鼬呻吟了一下，抗议着香甜的睡梦被无端打扰。

鼬科，鼬属，白鼬。夏天，毛色灰白相间，冬天，全身纯白，尾部有一簇黑毛

一份闲

橘红色的阳光烘托着安静的海面，海獭像落叶一样仰卧在水面上，无所失落，不怀所求，懒洋洋地随着水波漂流。

用手抚摸这光影的毛毯，该有多么柔软？

海獭腹部放着一块从岸边取来的石头。石头平放在胸口，像一块做饭用的砧板。它用爪子推动着水波，在浅水里捞起几只蛤蜊。它把蛤蜊放到石头上。水渍把映在石头上的阳光沾湿了一片。它的爪子不知何时又在水里捞到一块尖利的石头，它抡起这块石头，啪啪敲着放在"砧板"上的蛤蜊，蛤蜊的碎肉和摊开的阳光混在了一起。光影在水波里激荡，破碎衔接进吻合里，水中涟漪的圆环荡出一圈圈自然紧密的节奏。

海獭捡拾着石头上蛤蜊的碎肉，捡拾着时间的光影。

鼬科，海獭属，海獭。海洋哺乳动物中最小的一类。绝大部分时间生活在水里。睡觉或休息时回到岸边

被一只螨虫嘲笑

那是一次令人难堪的对话。人总是自以为是，对自己有那么多的不了解。

"成千上万个螨虫此刻就寄居在你的身体里。只是螨虫太小，肉眼难以看到。眼睫毛上，那里的皮脂腺分泌的油脂是螨虫喜欢的美食。一只雌性螨虫用一周时间就会在一根眼睫毛的毛囊基部繁殖出20只螨虫卵，一周后，一根眼睫毛就会成为一个螨虫家族赖以生活的大树。"

"好恶心啊！说得人都起鸡皮疙瘩了。"

"它又不会杀死你，你是它的宿主，它是你的房客。它替你清扫你生产出来的垃圾，你为它提供赖以生存的食物。"

"可是，寄生……在我身上吃喝拉撒，带来各种细菌……"

"你爬上食物链最顶端，试图破坏食物链的循环。但人类也不是食物链上必不可少的一环。你们不可能独立于食物链之外。每个人都是一个个螨虫王国的独立大陆。螨虫不会发生暴动，你也不是输家。"

"你怎么替一只寄生虫说话？"

"作为一只螨虫，白对你说了这些话。你对自身的无知，真让我惊讶！清除——总想着清除，你倒是试试看，我是你能清除干净的吗？"

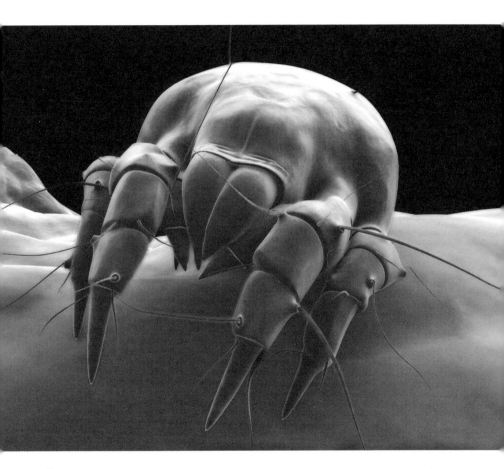

🦌 节肢动物门，蛛形纲，蜱螨亚纲，螨虫。身子长 0.1~0.5 毫米。全世界有五万多种螨虫。对人体来说，属于微型害虫。科学测算，一张干净的脸上，一般生活着 250 只左右的螨虫；有青春痘、痤疮、酒糟鼻的脸上，一般生活着 5000 只左右的螨虫

敏感到没朋友

小嘴尖尖的鼩鼱，像一只来自异度空间的精灵，跃过个头比它身体还要大的橡树籽的硬壳，如同玩着跳马游戏。

"好可爱啊！看——"你嘴角上翘，对着说明牌朝我指指点点。

"这家伙只有 2 克，那是蜂鸟的重量啊！这段话真残忍，你看：'这是一种脾气暴躁的动物，假装自己温柔而驯良，但是轻轻碰它一下，它就会猛地扑过来，在你的手指上留下深深的伤口，它的颚下还带有毒液。它有一颗残忍的心，嗜好伤害任何东西，任何生物它都不喜欢。最先发现鼩鼱的爱德华一定吃过这个小家伙的大亏。'"

这个看上去神经质的小动物，轻灵如神经元。这团感性的肉丸，思想的原子，它超然的个性，桀骜的眼神，就好像是人身体里偷跑出来的一个细节，被一团有机质捕获了。重新进入一个空旷的整体，让它感觉到一种无可把握的恐惧。

"这么敏感，敏感到神经质的程度，怕是很难交到朋友吧！"

这话很让人心痛。最好不要说出来。

🦌 食虫目，鼩鼱（qú jīng）科，鼩鼱。像老鼠，但并不是鼠类动物。最早的有胎盘类动物，世界上最小的哺乳动物

装死

　　山猫并没有意识到那块干泥巴，它继续迈着小碎步往前跑了几步，重新转过身。

　　那是一只躺在泥土里的负鼠，几秒钟之前，山猫听到的一阵簌簌声，就是惊悚的负鼠传来的。此刻，它半伸着舌头，眼睛紧闭，肌腱的反应消失后，乱蓬蓬的灰毛下面，身体硬邦邦的。负鼠伪装了死亡的内部，连血流的速度也慢了下来。

　　山猫歪着脖子，瞄着地面，嗅觉告诉它，它寻找的猎物就在身边。它终于发现了这个硬邦邦的尸体，它用爪子拨弄着这个僵硬的尸体。它对死尸毫无兴趣。

　　像是有种错觉，这个死物似乎抖了一下。山猫用爪子碰了碰，这个尸体好像死了很久，硬硬的皮肤上感觉不到什么温度。山猫感到一阵失望，它转过身，走了几步，又停下来，回头盯着这个死物。一种被欺骗的感觉，让它将信将疑。那块干泥巴抖动起来，像雨点砸在树叶上——会不会是幻觉？

　　胆小的负鼠的神经敏锐地扫描着周围的一切危险气息。它正要恢复生机的神经抖动了一下，之后，它躺在那里，重新进入了假死的状态，像是一块被时间漠视的化石。

　　山猫停顿了一下，然后跳上岩石，消失在山背后。

　　又过了很久，负鼠确定危险远离了，才长舒一口气，抖动麻木的神经，复活过来。

有袋目，负鼠科，统称负鼠。是一种比较原始的有袋类动物。负鼠的装死非常著名。但那种死不是装出来的，而是胆小的负鼠受到过度惊吓后出现的暂时性休克

狼
灵

　　灵长目进化为人之前，在漫长的时间里，一定是狼族可口的猎物。

　　人类主宰地球之后，对狼与生俱来的恐惧，转化为一种愤怒和疯狂的猎杀。

　　17世纪，专业的猎狼人，如果一生中能猎杀30只狼，就已经是一个技艺高超的猎手。到了19世纪，一个猎手背着一袋马钱子（可导致狼呕吐、腹泻、痉挛、抽筋），就能够在一个季度轻松地杀死500只狼。从1850年到1900年，有200万只狼遭到猎杀。如今的欧洲大陆，除了意大利的亚平宁半岛有100只左右的夜狼存在外，其他地方很难再见到狼的足迹。

　　1911年，最后一只纽芬兰白狼被射杀。

　　所有狼中体形最大的基奈山狼，它180厘米的体长大概是它快速灭绝的原因。它的最后被射杀的记录是1915年。

　　一种叫"刹马努"的日本倭狼，1905年绝灭。这种狼曾经是世界上最小的狼（平均只有84厘米长），当地居民因为恐惧它，叫它"吼神"。求偶的季节，它能在山坡上吼叫数小时。

　　1833年，查理·达尔文乘贝格尔号考察船途经南美洲南端的马尔维纳斯群岛时，发现了一种南极狼——福岛胡狼。这种福岛胡狼，对登岛的人，不仅没有惧意，而且很好奇。不出一代人，1876年，人类就将福岛胡狼这个物种从地球上根除了。

明朝黄省曾在《兽经·狼》中这样描述：狼，贪兽也，贪而有灵。道家将人看作有灵之物。

人，真有异于禽兽乎？

犬科犬属的狼，是猎食动物里的佼佼者，浪群居性奇高，狼群以核心家庭的形式组成，包括一对配偶及其子女，有时也包括收养的未成年幼狼。狼是典型的食物链次级掠食者。目前中国境内的野狼数量只有几千只

悬停天地间

　　蓝天如洗，山谷中间，一只普通鵟滑着弧线飞过来，两只乌鸦从斜刺的林子里迎上去。普通鵟不知道自己已经撞进了乌鸦的领地，它对两只乌鸦迎头冲过来感到非常恼火。

　　但强龙总是压不过地头蛇。

　　山脊灌丛在下午三四点的秋日阳光里，赤褐苍绿的背景像地球仪一样缓缓转动。一只乌鸦撞向普通鵟一侧的翅膀时，普通鵟转头一嘴啄过去。但刁蛮的乌鸦得逞了。趁着普通鵟身体失衡，另一只乌鸦从上面扎向普通鵟的头顶……乌鸦的警告，让普通鵟大为光火。这种欺凌，让它奋力追击两只乌鸦。乌鸦终于鸣叫着飞开了。普通鵟又找到山间的气流，它可不想等着那两只飞走的乌鸦去叫来一大群帮手。

　　这只鸟中桀骜的精灵，在我们眼前驾驭着神秘气流的通道，它轻灵地悬停在不远处，引来观鸟人的惊呼。它独自感受着宇宙深处吞吐的气流，轻得像要融入苍穹。

　　看到傲视天地的生灵，每个人的心灵都会抖动，那份轻盈，我们不曾有过，但我们的灵魂时常在天宇间孤独地徘徊，寻找。

　　突然，眼前的普通鵟在阳光深处朝上轻轻一扑，翅膀扇动，身体伸直，向上升腾。那一刻，宇宙似乎是推出去的一把剑，缓缓的，是平的。

世界屏住了呼吸。

某种飞翔，值得等待。

张相茹摄影

🦌 隼形目，鹰科，鵟属，普通鵟。中型猛禽。分布于欧亚大陆，常迁徙到南部繁殖

鹿王

马鹿之王又来到这个静谧辽阔的高地湖泊边散步，它禁止自己带领的鹿群来这里，它清楚湖边总有猛兽和猎手的行踪。清澈的湖水，深不可测的倒影，埋藏着无数个看不见的陷阱，诱惑它放松警惕，把脑袋、蹄子伸进去。

它缓缓迈着步子，低头吃几口水草，水草边上的盐分让它伸出舌头舔了舔嘴唇。湖水中的倒影里照出昔日高原王者骄傲优雅的犄角，水中的那双眼睛，眼神平静专注，大湖、森林和荒原的秘密在那样的眼神里一道道闪过。

沉默——是马鹿此刻想要的。紧闭的嘴唇上，印着爱与责任坚毅而骄傲的印迹。世界像一片落叶，马鹿知道自己的处境日渐干裂而脆弱，昔日纵情游荡的宽阔森林面积缩小得越来越快，原本长着厚厚的草苔的沼泽，现在则是能吞噬小鹿的一汪汪黑泥，成片的大树砍伐后，疯长的灌木丛中，狭窄的通道让生存变得胆战心惊，更加艰难。

每当心事重重，马鹿之王总是独自来到湖边。

它的蹄子踩在落叶中，踩在花朵上，踩在风里，它感觉自己依然能够高高跃过横亘的倒树、兀立的树桩，它为自己依然能够奔腾而感到欣慰。它知道自己必须继续寻找，为鹿群找寻水草更加肥美的地方，找到更加安全的栖息地。

它呼吸着湖泊惊人的静谧，时不时地抬头，警觉地凝视四周。高地环抱着森林，森林拥抱着大湖。可能有尖锐的呼啸声朝着自己飞来，它想过那样的危险，也经历过被追击的逃离，甚至隐隐约约期待着那双温和的大手重新伸过来，抚摸它的皮肤和犄角。

虽然这只俊逸威猛的马鹿之王见识过湖边太多的死亡，但它相信大湖的安全，是从相信一个人开始的，那份相信成了它永久的一份期待。

🦌偶蹄目，鹿科，鹿属，马鹿。因皮肤为赤褐色，又叫赤鹿、红鹿。雄鹿的鹿角最多可以达到八个分叉，鹿群的领袖往往又叫八叉鹿。是体形仅次于驼鹿的大型鹿类。因其体形似骏马而出名。喜欢群居，善于奔跑

交换

那只母白头叶猴朝着森林深处走去。此刻，它是世界上最悲痛的一只猴子。它头顶的白毛，在树影里，像一缕升腾的冰焰，又像一簇蓝火，那火焰，是要去烧开时间的一个结，还是要去焊住心口上的一道伤口？

林子和往日一样，温热，沉闷，阳光懒洋洋的，叶子四下里轻轻响。

曾经，小猴子月牙儿一样贴在它的胸前，小手紧紧攥着母亲胸口黑白相间的细毛。猴妈妈宠溺这团生于世上围绕着自己盘旋的星火，用手轻轻敲打它顽皮得过了头的脑瓜壳。

是做了母亲后它才变得那么理性、柔和又不可战胜吗？小猴子在树枝上取食离母亲不远的果实与花朵，它从树上跌落，手指擦破了皮，委屈地撇着嘴哭。母亲用手抚摸它的头顶，安抚着惊诧、委屈、疼痛的它。成长的烦恼和焦虑在母亲和孩子之间流动。小猴子停止哽咽，抬头望着母亲，眼神里的光影，是大自然种下的最神奇的种子。

那份伴随新生命的成长，和爱恋之痛一样，原本是世上最幸福美好的事情！

那只母白头叶猴紧抱着臂弯里软绵绵的身体，怀里的生命已经像冰雪一样消融殆尽，爱反而由死向活，激化成锐利的尖刺，刺入一个失去了孩子的母亲的神经——总像是有幻觉，母白头叶猴总感觉自己在把一个冰封的世界敲碎，它空洞的眼神里仿佛在祈求："我能用一半的生命，不，全部的生命也行，做交换，来让我的孩子苏醒过来吗？"

🦌灵长目，猴科，叶猴属，白头叶猴。中国特有物种。世界公认25种最濒危的灵长类动物之一

误会

　　那小桥高高地立在河上，水道宽阔，地势平缓，河流是平静的，水天连着两岸的绿树，深绿遮掩了岸，树影、云层映在水面上，水像是苍灰、银色、碧蓝熔炼成的一块玉。

　　"天气真好啊！"大家站在桥头上，探头看桥下流水一直流到森林尽头。

　　"看远处，那个黑点，是中华秋沙鸭。"陪着我们一路逛下来的守林人对这片水域如数家珍。大家从桥的一边一下子拥到另一边去。几只雁行目鸭科的小水鸟，穿过河流上铺满的蓝雾，悠悠如一艘艘来自天界的行舟。远处大家能够看到的只是一团虚影，但护林人一定知道什么时候在什么地方有什么样的鸟儿在筑巢，在觅食。

　　在长焦拍下来的镜头里，能看到鸭子头上飞扬的长冠羽，冠羽灰中泛红，和两翅上各有的一个白色翼镜呼应成一个折射阳光的棱镜。大家为这种珍稀鸟儿从岸边的巢里款款游出，和一群匆匆路人如约好一般相遇，感到由衷庆幸。

　　独特的相遇搅动了快乐的旋涡，这旋涡在水中应该可以盘旋很久。

　　一周后，中华秋沙鸭几乎要游出记忆的河流了，同游的伙伴在QQ里说："我们那天看到的不是中华秋沙鸭，是另外一个种，它的颚下羽毛有另外一种特征。"

很奇怪，我清晰地记住了中华秋沙鸭这个名字，那个游向我们的鸭子的名字却被忘记了。甚至在心里涌起一股冲动，想回到那座桥上，在迷雾渐渐散去的水面上，看到期望中的一只中华秋沙鸭向我慢慢游过来。

🐐鸭科，秋沙鸭属，中华秋沙鸭。有"鸟类中的大熊猫"之称

同路行

世上从来都没有巧遇，却很难解释相遇之前走过的那么多崎岖艰难毫无交叉的路。

黑嘴，白颈，乌玉一样的腰身……眼睫毛上还有一圈恰到好处的橘红色眼影。

同在湿地边上漫步，浅滩周围浮动着烟云般的芦苇，枯黄芦苇的幽静，常会让期盼的眼神失落难过，心里凝聚出滚动的晶莹的兽爪一样的诗行。

浊黄的泥沙在河床上翻腾着。

在芦苇丛中巧遇到这只东方白鹳，又和它同行那么久。很奇怪，初遇到，一怔之间，它并没有一下子惊飞，我也尽量把脚步放轻，装作没有看到它。

我们慢慢地迈着步子，保持着几乎同步的时停时走的节奏。我不知它是否想着假扮成我，反正我是尽量装作自己是一只觅食的鸟儿。

那只东方白鹳轻扬起一声鸣叫，像是要把我这个同行者赶开，又像是在呼唤，让我和它发出同样的声音。我感觉它渴望交流，又保持着极高的警惕。我在沙滩上模仿它的样子，轻轻捡起几根枯草的断茎，放在嘴里，咀嚼草叶子的味道。我不敢模仿它歌唱般的音调，我怕我突兀的声音，会让它以为我是一个对它心怀不轨的异类。

早晨的阳光里，它轻轻抖动长长的翅膀，它让我看到它的一点儿不安，又显得那么放松。这只多疑的东方白鹳，让人觉得它既真诚，又傻里傻气。

它走进淤泥里，粉红色的爪子没入一片浑浊，又轻快优雅地提起。泥中的小鱼小虾被惊得飞起时，正好成了它的美食。它抬头昂起脖子吞食食物时，身子越发冷峻修长，那一刻，我凝视它，眼前的美那么动人心魄。

我慢慢走着，眼前白磷一样的云朵印在天空蓝色的布上。我转头时，看到它从寻找美味的忙碌中，把头悄悄转向我。我一心惊，赶快转过头。

我在大自然里站着。不知道身旁不远处的东方白鹳是正在跑过水面，朝着远处的太阳光飞起，还是会轻轻走近我，用尖尖的嘴咬啄我的衣袖，最终完全信任我？

型涉禽

鹳形目，鹳科，鹳属，东方白鹳。国家一级保护动物，大

黄色烟雾

①

雾霾让城市不堪重负，好像洪流要把大坝冲毁。

光影照着窗外雾蒙蒙的天空。有好几天没见到那只猫了。我并不想它，只是偶尔念着它。我熟悉它绕到远处走向窗台的每一个动作，它轻巧地跳过绿色的铁栅栏和矮墙，走在修剪平直的冬青树丛上，不时停下，将鹅黄的爪子提起来轻轻抖一抖。走到距离窗台一尺远的地方，轻轻把腰一闪，窗玻璃外面就会突然出现一只圆滚滚的猫咪。它会轻轻朝着室内喵喵叫，若没人应答，逢着阳光照得正暖，它就蹲在窗台上，梳妆，洗脸，伸着懒腰，然后呼呼大睡，直到我回来，几乎带着溺爱般的热情揉搓着把它弄醒。它向我投来不耐烦又很享受的高冷神情，那神情激发了我对它的怜爱。

这个巡视百家的猫神，曾经在一个雨天里，腿像是受了伤，不能走动了。我把它从石阶旁边湿漉漉的边缘拾起，放到我窗台外面的一个小木板上，在它身旁放了一个小碗、一个小碟，让它有几天时间，不用操心吃喝。

---

① 标题取自 T·S.艾略特的诗歌《T·A.普罗弗洛克的情歌》中写到的一只猫。背景是我生活的城市里像幽灵一样浮动的雾霾。

从此它的生活里像是多了一份巡视我的窗台的习惯。我不知道它的猫王国里有多少座可以歇脚的驿站，至少这个窗台可以算是其中的一座。

窗外弥漫着潮湿的雾气，玻璃上的光变得越来越破碎。我在室内忙碌，不期然发现，窗玻璃上，有一团黄色的烟在蹭它的背，有一团黄色的雾，在留下一朵又一朵盛开的梅花。悄然而至的猫神，正在窗外。知道这一点，心里竟会拥满欢喜。有几秒钟，我静静看着这团黄色烟雾，把雾霾团成一团的幽灵城市啪啪啪地敲来拍去，像皮球一样玩耍。

不知道此刻它是饿了还是渴了。我把窗户打开，不在乎雾霾带着火药味扑满屋子。我用手揽起它的腰，试图把它抱进屋里。它亲昵地朝我叫着，腰却从我的手里翻滚抗拒。任何限制它自由的方式，

🦌 猫科，猫属，家猫。猫比犬的驯化要晚得多。猫大概在 5000 年前被驯化，犬则大概在两万年前被驯化

它都毫不犹豫地一一拒绝。我给窗台上半干的碗碟里添了一点儿水，放了一些肉末。

我把玻璃擦亮，然后把窗户关上。雾霾伤害我的，也一定伤害到游荡在城市街道巷尾里的猫神。窗外那团黄色烟雾融进了雾霾里，它一定不像我这么娇贵。猫咪只舔了几口碗里的水，却把碟子里的肉末吃得一干二净。吃完后，它心满意足地用爪子捋着猫须，耐心地将猫爪一一舔过。

夜晚的灯火让这团黄色烟雾看上去像一团毛茸茸的抖动的光。有个生命飘浮在寂静的空间里，不受任何陈规陋习的限制，在街道、楼房的深处，跳动着自己从容的脉搏。猫咪给我带来的这份感受在我心里打开了一个自由的时空。

我看着窗外，觉得雾霾或者其他任何更可怕的东西，都捏不住生命本身那种奇妙的试图获取新鲜力量的选择和冲动。

不知道猫咪什么时候跳进了夜空，也不知道它什么时候又回到窗前，沉入自己的梦里。

寻找想象力的森林

想象力究竟是什么？

开始写作很久，我依然没能找到这个问题的答案。它像个解不开的谜，总是吸引我，诱导我，去书写世界的无限。

两三岁时，每个人都还是黑夜里的孩子，一个人记忆的源头基本都在那里，有选择性地储存起一生难忘的细节。这些看似漫不经心中储存起来的记忆碎片，都融在想象力的池子里，化为五彩的颜色，成了一个孩子勾勒梦境与虚空的原料。这些碎片一口一口喂养想象力暖巢里那只急迫欲飞的幼鸟，直到它羽毛丰满，双翅强健，腿脚有力，借着记忆涌起带动的风势，让想象力的鸟儿飞入乱流，在时空里穿梭，去经历属于自己的冒险和探索，去创造充满奇幻与迷雾的人生旅程。

借着想象力在脑海里的一次次预演，走入的世界不管多么浩瀚，一个人都不会因感知到时空钻心袭来，要把人瞬时分解，害怕到陷入无所依托的绝望境地里。想象力在脑海中的重重叠影，让一个人与宇宙间的无数影像、声音发生感应。这种相互应答的感应里，会诞生出深深的抚慰，驱赶一时紧紧压住心口的恐惧和焦虑，带给心灵以愉悦和幸福。

在脑海里飞来飞去的那只想象力的鸟儿，通过日常的学习和游戏，转化为一粒创造力的种子，落到生活的土壤里，经历风，遭遇雨，如果能够发芽，不在暴雪冰雹中死去，总能长成一棵可以结果、可以纳凉、可以依靠的树木。

很少有人特意进行想象力的训练，实际的生活看上去并不过多需要这种抽象的以虚为实的能力。要解释清楚神秘又有趣的想象力究竟从哪里来，也是一件难事。

但不需要做过多的解释，每个孩子总能够模模糊糊地明白，脑海里一直都有个没有边界的世界，任自己驰骋，供自己遨游。那是一座独属于自己的，任谁都攻不破的城堡；也唯有自己，才能驾驭那艘在惊涛骇浪中穿行的航船。

种植想象力的游戏

清晰记得自己两岁时，在一个院子中间的树荫下面摇摇晃晃地走动，沿着一个土坡爬上爬下，独自玩耍。细嫩的皮肤对痛感的刺激和骤冷骤热并无过多的感应，因此对世界也就谈不上有多少畏惧。哪怕将我丢入密林，让老虎从身旁走过，我也定然敢伸手去揪硬硬的虎须。

但那时候我还没有听任何人说起过老虎，我感兴趣的不是大人们那样在警诫伤害的同时去极力获取，吸引我目光的是头顶遮住阳光的巨大榆树。榆树缝隙中投下的光斑印在地面上，形成了让人无法理解的神秘图案。我移动手掌，那些图案却一动不动。我无法判断那些金色斑块的真假，稚嫩的想象力促使我相信，那些火焰一样的金色和下陷般的深灰色交织出来的图案里，一定有未知的世界在潜行，某个时刻，这个隐秘世界会顶开眼前安静的斑纹，从一个彼岸到达此岸。我时不时伸开手掌，又快速握紧，想象自己捕捉到了一条并不存在的小虫与走兽。

正是这样的捕捉，让我深深陷入一个想象力无可阻拦的狂乱世界。想象中获得的金色碎片，让我欢喜地"咯咯咯"笑起来。

风吹影动，斑纹立刻化为萧疏抖动的乱影，眼前水晶般的金色幻境，瞬间像是被大自然里深藏的一只巨锤砸得碎片纷飞。

我无聊地扶住一块围着菜地木栏的木板，看一只爬过南瓜藤的青菜虫，虫子正爬上木板，匆匆赶往下一场盛宴。前进的路上突然多了一堵高墙，青菜虫一时困扰了。它并不在乎眼前墙壁的高低。它四下里探索是否能绕行，却总是碰壁。它的心情那么急迫。最终它决定攀缘，它展现的决心那么惊人，对一个小孩子恶作剧一般竖起的手掌，毫不在意。

玩得那么忘乎所以，以至于让我失去重心，一头翻进木栏，跌进菜地里。我不记得自己当时是否因为跌了一跤哭过，只为自己不小心丢了游戏的玩具，非常失落。手掌里的一摊浓浓的绿色汁液那么清晰地印在脑海里。

下午的时光无比漫长。

记不清当时陪伴自己的人是谁。

院子里有只踱步的母鸡，一次次走过我的身旁，对我不屑一顾。它藐视的眼神，显然表明，这个小人儿毫无缚鸡之力，一经搏斗，定然是它的手下败将。它用嘴啄食，摔打灰灰菜的嫩叶，连同叶子上的青菜虫也一起吞进了又尖又长的嘴里。黄嘴红冠毛茸茸的白毛母鸡，趾高气扬，那副样子让人胆怯。在和这母鸡怯生生的对望中，我感到有一股说不清的、令人难过的滋味浸透了身体。只是当时，我还不知道那是一个人心理上正在建立起颇具防御性的生命反应——在变动不息的大千世界中，觉察到了身内的孤独与身外的不安。

这孤独与不安轻轻一刺，倒让脑海里想象力的河流很快干枯断流了。空荡荡的院子像水一样浸泡着我。我忍不住频频看向半开的大门，希望那扇门能"吱扭"一声打开，母亲闪身从门外走进来。

那时候我还没有学会怀疑时间，不清楚想象力正是打发时间最妙的一门技艺。

母亲的身影在门口一闪，我的眼睛那么尖地一眼瞥到，立即朝着她伸出双手跌跌撞撞奔去，一边"哇哇"大声哭叫起来……整个下午孤独中的期盼，和脑海里无数影子做游戏的疲惫，在看到母亲的那一刻，化为说不尽的委屈，全都释放出来。

自己之所以开始写作，是否和两三岁时朦胧中逗弄时间光影的诱惑有关？可能有，但未必是必然的联系。写作时，无时无刻不能缺少想象力的激情带来的营养的滋润。正是想象力激发了心中的期盼、憧憬和渴望，让内心升腾起无可阻挡的温暖冲动。这样的冲动，引导一个孩子看到了最初爱的意义和勇敢的价值，也看到了大自然的阴影都遮掩不住的生命意志。

学会听，那扇神秘的大门才会打开

人潮汹涌的地方，杂音太多了，进入耳朵的声音大多留不到心上。为了保护内心的安宁不被过度打扰，人的记忆会选择将大部分无关的信息过滤掉。

我们看似在人群中穿过，听觉其实是封闭的。

走进大自然，却会发生惊人的事。看似安静的周遭，停下脚步，闭上眼睛，世界归藏于心上时，耳鼓深处会有"沙啦啦""咚咚咚"的声音传来。音色那么清晰，那么巨大。万物受到惊扰，在那一刻悚动吗？那个时候，想象力大门上的锁子，会应声打开，任谁都会想："世界的另一头是谁？"

"世界的另一头"这个遥远而幽深的念想，会撬动人的脊梁，会撑开人的肩胛骨，会唤醒双腿里古猿的蛮力。

清晰记得，已经长成身手称得上敏捷的少年，起个大早，背上背篓，紧紧跟在两个哥哥身后，到山顶"水家坪"附近的山泉边去挖嫩得白汁喷溅的苦菜。

早晨的群山，被薄暮淡蓝的青光洗漱蜕尽，干净爽落的丘陵上，黄土高原迤逦的波纹涌动着群山的演进。

晨光里，青蒿上滚动的露珠打湿了鞋面。兄弟三人沿着山脊陡峭的羊肠小路竞赛着奔走，气喘吁吁，被脚踝惊人的冰凉刺激到时，脚步走得更加欢快。

橘红色的光芒刚刚打到山顶时，我们也正好到达山顶近旁的泉水边。在泉边土埂上坐下来歇息，吃自带的早餐，甜中带辣的大葱就着白面馍，手掬入口甘泉水。我忘记了忙碌地挖苦菜的过程，也忘了如何擦拭额头的汗珠，跟着两位兄长走下山坡。只记得在将三个大背篓装得满满当当之后，我心满意足地坐在山泉边的情景。

那是我对水的记忆里，最早感觉到的柔情。

我们兄弟三个走得那么快，以至于此刻真正坐下来时，才觉得连说话都觉得疲惫。山风卷过野草的锋芒，山花星星点点在风里滚落。

黄土高原上金子般的山泉水，此刻就在身边有力地涌动，它打破地层深处层层岩石沙砾的闭锁，又从这个两平方米见方的水泉的出口漫溢出去。泉水的细流敲打着湿土边上露出白芽的旋花、苦菜的根茎，水声脆生生，佩玉一般，好像在叫醒山岭深处长眠中的生灵。一个粗野少年被这水声渐变的高音惹得胆怯，感觉到了地泉深处谜一样的惊心。

我好奇身边山泉水流量的充沛，伸手摸进泉底的淤泥。我被大哥臭骂，这神圣的山泉，按山里人的规矩，除了干净的器皿，不容任何人把手脚伸入其中。

只记得水中有一股无形的推力将我的手裹住，要推我远去，又轻轻将我一拽，那股力量来得那么突然，让人全身的汗毛一下子竖起来。一种细微的声音，在我耳朵里鸣响。和流水清脆的声音相反，这声音那么独特，闷而低沉，像遥远的呼唤，又像耳旁的私语。我的眼里一时多了一层水汽。回头四顾，除了我们兄弟三人，不见其他人影。我竖起耳朵，手心里那股山泉深处裹挟的奇妙感觉还在，那个轻盈的呼唤，依旧在耳边回环，如同荡漾的回音。那回音里有未明的期盼，在群山深处喊着我的名字，呼唤我把眼光投在一层层山脊上绵延的波浪里。

一些书，是写，也是想象力的训练课

是近代几本书写大自然的杰作，将生命的灵魂与大自然的灵光融为一面虚实交织的魔镜，锻炼了我关于大自然的想象力。在可见、可听、可想的世界里，写出那些不可见、不可听、无法想的另一个世界。写作的责任好像就这么简单，又这么神秘。这两层世界都如此亲切地在每一天的生活中陪伴着我们。

为什么不经过想象力的通道，我们就看不见那个隐藏起来的世界？

读这样的书时，突然间感觉自己丰富了，成了拥有两个世界的人。

19 世纪法国有个作家，叫儒勒·列那尔，写了一本《自然日记》（书名也有翻译成《自然纪事》或《博物志》的），书里只有短短 70 篇自然故事，后人还为每一篇故事配了再合适不过的插图。书看似平常，看后留在心底的余味却不简单。书里写的不是动植物恒久的进化，不是物种特征个性的凸显，他只写了动植物一瞬间凝固了灵魂的情态，静止摄住时间时，另有永恒的神秘气息散发出来，当一个生灵的动作在极速变幻时，生命的灵性里有一股不羁的气息被猛地释放。那些故事不是诗，却处处弥漫着唯有诗才有的能耐得住时间的滋味。

他写云雀："我从未见过云雀，即使黎明即起也是徒劳。云雀不是地上的鸟儿。"

他写孔雀："它今天肯定要结婚了。"

他文字里的惊诧，包裹着一层看不见又无比柔韧的魅影，仿佛有种吸力，诱人撕开他写出来的这些句子，把头探入内部，去看世界另一头是否真有此刻谜题的答案，正在某个角落里书写。

放开法布尔的《昆虫记》，就有一种站在那个荒石园里写着十卷本《昆虫记》的好心人面前的感觉，这种感觉让人感到沉静。这个为昆虫写下史诗的"昆虫界的荷马"，通过他的《昆虫记》，打开了通向大自然秘境一道秘不示人的入口。他对大自然的专注，他对生命的博爱，仿佛洞悉了生命的一部分奥秘。

他在用科学的严谨来写，却又有高超的文学的动情笔触。读他笔下的甲虫，总觉得比童话还要亲切。任性、狂想的想象力的烈马，在他面前好像被套上缰绳，被驯得服服帖帖。草木、昆虫在他的笔下，都那么顺从地顺应着他的叙述。

他笔下的螳螂，让人以为是武士，又觉得这个武士也是自己：

> 当那个可怜的蝗虫移动到螳螂刚好能够碰到它的时候，螳螂就毫不客气，一点儿也不留情地立刻动用它的武器，用它那有力的"掌"重重地击打那个可怜虫，再用那两条锯子用力地把它压紧。于是，那个小俘虏无论怎样顽强抵抗，也无济于事了。接下来，这个残暴的魔鬼胜利者便开始咀嚼它的战利品了。它肯定是会感到十分得意的。就这样，像秋风扫落叶一样地对待敌人，是螳螂永不改变的信条。

20世纪美国有个伟大的自然主义者亨利·梭罗，写了世界上"最安静的书"中的一本——《瓦尔登湖》。

梭罗在瓦尔登湖边听鸟鸣，观察植物的生长，感觉四季的变换，他的一颗受伤的心借助大自然力量不断复苏，他的这种精神力量也注入了美国人的精神内核里。集合与大自然融为一体的经历，梭罗还写过一本更贴近博物精神的书——《种子的信仰》。梭罗好像不是在写自然，而是让自己变成了大自然的一部分。

阅读《瓦尔登湖》时，会惊诧人类听觉的强大，人就像希腊神话里的巨人安泰，依靠大自然，从中能汲取到生生不息的无穷力量。

梭罗在《寂寞》一章中写道：

> 牛蛙鸣叫，邀来黑夜，夜莺的乐音乘着吹起涟漪的风从湖上传来。摇曳的赤杨和松柏，激起我的情感，使我几乎不能呼吸了。然而如镜的湖面上，晚风吹起来的微波是谈不上什么风暴的。

印度伟大的诗人泰戈尔，除了得诺贝尔文学奖的《吉檀迦利》，他的《新月集》和《飞鸟集》也在中国广为流传。他的诗行似乎拥有一种净化的魔力，能够用文字将世间一切坚硬之物化为水的柔和。我们平常的语言，从口里说出就像雾一样散失了。但这些轻如羽毛的话，在泰戈尔那里，都会开出一扇打开新世界的南窗。朗读《新月集》和《飞鸟集》时，会下意识地思考，所有任性的时刻，是否应该安静地驻足。

就是这么神奇的驻足片刻，听觉捕捉到的就不止是万物的声音，还有心跳的脉搏，灵魂的韵律。泰戈尔的诗，书写大自然，有种通灵的简洁，比如：

> 大地的泪水，使大地的微笑永远如吐花蕊。
> 树木长到窗口，仿佛是喑哑大地的思慕的声音。
> 瀑布唱道："我找到自由时，也就找到了歌。"

在《给孩子的神奇植物园》里写榕树时，脑子里全是泰戈尔笔下窗台边望着榕树的孩子。

将动物们一笔笔刻成永恒雕塑的是 18 世纪伟大的博物学家法国人布封。这个法国皇家御花园的总管，还是 36 卷本巨著《自然史》的作者。真正为世界上的孩子们所喜欢的《动物素描》算是写作这部巨著的边角料。

他写作《动物素描》使用的不是文学家的语言，而是科学研究者精确理性的语言。这种语言后来为很多科普作家模仿。白石老人说过："学我者生，像我者死。"学布封的难处，就要看一个人的博物学精神是不是彻底。这种求实的精神，在对大自然的好奇怀有探究之心的人那里，真是一种严格的考验。

他写松鼠时，工笔画一样精确，那描述的字句，说是线条，不如说是刀砍斧凿般在雕琢：

松鼠是一种漂亮的小动物，乖巧，驯良，很讨人喜欢。它们虽然有时也捕捉鸟雀，却不是肉食动物，常吃的是杏仁、榛子、榉实和橡栗。它们面容清秀，眼睛闪闪发光，身体矫健，四肢轻快，非常敏捷，非常机警。玲珑的小面孔，衬上一条帽缨形的美丽尾巴，显得格外漂亮。尾巴老是翘起来，一直翘到头上，自己就躲在尾巴底下歇凉。它们常常直竖着身子坐着，像人们用手一样，用前爪往嘴里送东西吃。可以说，松鼠最不像四足兽了。

如果多吹一口仙气，这只纸面上融在文字中的松鼠，就会跃出纸面，跳上窗台，爬上树梢，逃离人类的管束，获得永生的自由了。

20 世纪初，苏联有个被称为"伟大牧神"的作家普里什文，这个在莫斯科近郊做农艺师的人，把自己守护山林土地一点一滴的经历写成了日后传遍世界的《大自然的日历》《飞鸟不惊的地方》和《林中水滴》。俄罗斯大地的味道都被他密密实实地写进了书里。他把对俄罗斯大地的爱，融进了每一种动物、植物的生命里，这些动植物生灭于一片土地里的哀愁，化为了整个俄罗斯大地的乡愁。据说苏联战士在战壕里怀揣着一本《大自然的日历》，在战争间隙读上几行书里的文字，就能够给生死边界上思念故乡、思念家乡的一颗心灵带来慰藉。

他写《未知生死的蛇麻草》：

> 那棵高耸入云的云杉斜靠在旋涡上面，已经枯死了，就连树表皮的绿苔的长须也已经变成了黑色，并且萎缩后脱落了。奇怪的是，蛇麻草偏偏看中了这棵云杉，紧紧地缠绕着它，越爬越高。它站在高处，到底看见了什么？自然界有哪些事发生呢？

这种将人的意志和大自然的意志统一起来的生命视野，正是爱的视野。虽然每个生灵都是独立的生命，但不管怎么独立，没有一种生命能超脱大自然的范畴。

写作《给孩子的神奇植物园》和《给孩子的神奇动物园》的蓝本，与普里什文更为接近。但上述这些伟大作家写下的自然文学经典，连同他们的精神意识都深刻地影响过我。是这些人，以及更多以自然为主题的作家，启蒙、训练了我的想象力，从无限归纳到有限，由多样变化到眼前简单的一物，由众人眼里单一的自然生灵，变为我的灵魂和草木、动物们共同的游戏。

《给孩子的神奇植物园》的图片基本由我在旅行途中拍摄，《给孩子的神奇动物园》的图片除少量由我拍摄外，大部分由专业摄影师和朋友提供。这里要特别感谢摄影家张相茹先生，私下张相茹有个"大师"的绰号，用于日常交流时的调侃，但每看他拍摄的照片，总觉得这个绰号也是有原因的；要感谢摄影家彭博先生，他的相机中究竟藏着多少动物和植物的故事，一直都让我好奇，一起在山野中跋涉，他时常让我这个摄影门外汉看跌到他取景框里争奇斗艳的生命瞬间；要感谢朋友张薇，她常以绘画的细腻来观察大自然的变化，有些视角是常人所不及的。

走入大自然深处，总会和一些物种生命强烈的冲击力撞在一起，这种时候，一个人沉睡的好奇心或多或少都会被唤醒一些。眼前清晰可见的独特生命，在想象的天幕上，与一个星球在宇宙间自由地旋转运行并无差别，那种相互独立循环又相互亲密凝视的感觉，常常会一把握住心房，让人感到自己与大自然的关系是如此亲密。

一个作家的责任，时刻都应该是万物的心灵捕手。从生命可见的光影中，同时捕捉到不可见的奇想世界，就会发现，生命真实的存在，远远要比我们所见、所思、所想要神奇得多。当一个个故事在心上驻扎，在笔下汇聚，生命的重重波浪也就被同时掀起。时空之网正被一双自然巧手如神编织。斑斓多棱的色彩，幽灵般扭动的曲线，惊起爱与恨的精神波纹，柔软至极的神秘莫测善恶莫辨的灵魂，大自然安安静静用这些手段，推动着万物的生死循环。一想到我们人类也仅仅只是如此庞大的大自然中渺小的一员，总会让人难掩莫名的疑惑，这疑惑又是那么诱人，常会让人在迷恋生命的神奇中忘我。

不只是作家，其实每个人从孩童时代就是生命之灵最好的收藏家。

《给孩子的神奇植物园》和《给孩子的神奇动物园》里的400个小故事，基本是我从记事起就收藏在内心博物馆里自然之龙身上的一片片麟甲，也是我的精神逐步成长到能咀嚼人生滋味时，长出的一枚枚幼齿。每个人，都会因为这份收藏，变得丰饶、聪慧、富于创造力，拥有独属于自己的"神奇植物园"和"神奇动物园"。

每个孩子，只要热爱大自然，都会拥有一条属于自己的自然之龙，去翱翔自己的人生。这并不是艰难的事情。

最后，特别要感谢朋友张相茹、彭博、马锴果、高辉、吉木、微饱、刘彦、丁学欣提供的精美图片，感谢对我写作的特别支持。

2017 年 11 月 27 日星期一下午完稿于首都图书馆